Hafizova K.A. Izzatulaeva D.N.
Kahharova K.S Nijozov Ķ.A.

EFEITO DOS FLAVONÓIDES NO METABOLISMO E NO METABOLISMO ENERGÉTICO

AF670743

Hafizova K.A. Izzatulaeva D.N.
Kahharova K.S Nijozov Қ.A.

EFEITO DOS FLAVONÓIDES NO METABOLISMO E NO METABOLISMO ENERGÉTICO

ScienciaScripts

Imprint
Any brand names and product names mentioned in this book are subject to trademark, brand or patent protection and are trademarks or registered trademarks of their respective holders. The use of brand names, product names, common names, trade names, product descriptions etc. even without a particular marking in this work is in no way to be construed to mean that such names may be regarded as unrestricted in respect of trademark and brand protection legislation and could thus be used by anyone.

Cover image: www.ingimage.com

This book is a translation from the original published under ISBN 978-620-7-64978-5.

Publisher:
Sciencia Scripts
is a trademark of
Dodo Books Indian Ocean Ltd. and OmniScriptum S.R.L publishing group

120 High Road, East Finchley, London, N2 9ED, United Kingdom
Str. Armeneasca 28/1, office 1, Chisinau MD-2012, Republic of Moldova, Europe
Printed at: see last page
ISBN: 978-620-7-71404-9

Copyright © Hafizova K.A. Izzatulaeva D.N., Kahharova K.S Nijozov Ķ.A.
Copyright © 2024 Dodo Books Indian Ocean Ltd. and OmniScriptum S.R.L publishing group

MINISTÉRIO DO ENSINO SUPERIOR, DA CIÊNCIA E DA INOVAÇÃO DA REPÚBLICA DO UZBEQUISTÃO

ESTADO DE NAMANGÃ
UNIVERSIDADE

Klara Abdumannapovna Khafizova
Izzatulaeva Dilfuza Ne'matovna
Karomatkhon Sovronbaevna Kakhkharova Karomatkhon Sovronbaevna
Niyozov Kaxramon Adashaliyevich

EFEITO DOS FLAVONÓIDES NO METABOLISMO E NO METABOLISMO ENERGÉTICO

Namangan - 2024

UDC: 539.1.047

Efeito dos flavonóides no metabolismo e na energia. Khafizova K.A., Izzatulaeva D.N., Kakhkharova K.S., Niyozov K.A., 2024. Izdvo. LAP Lambert Academic Publishing

Revisores: **Doutoramento em Ciências Biológicas M.M. Mamazhanov**
Doutor em Ciências Biológicas A.E. Zainabidinov

Capítulo

O estudo dos mecanismos de influência das preparações medicinais isoladas de plantas medicinais nos processos fisiológicos e bioquímicos do organismo a nível membranar e molecular e a prevenção de doenças é um dos problemas urgentes. A este respeito, o lugar principal no conceito moderno de prevenção e tratamento de várias patologias em hipoxia e isquémia é dado à criação de uma nova geração de medicamentos.

Do autor

CONTEÚDO

Introdução

Atualmente, foi acumulado um enorme banco de dados sobre os mecanismos fisiológicos, bioquímicos e moleculares da hipóxia e da isquémia. No entanto, a dinâmica complexa deste processo, o envolvimento de um vasto leque de sistemas funcionais e metabólicos que o controlam a nível celular e molecular e a multiplicidade de locais limitantes explicam a razão pela qual, apesar de quase um século de investigação neste domínio, muitos aspectos patogénicos deste processo, bem como questões relacionadas com a proteção anti-hipóxica e anti-isquémica do organismo, permanecem ainda por resolver.

O estudo dos mecanismos de influência das preparações medicinais isoladas de plantas medicinais nos processos fisiológicos e bioquímicos do organismo a nível membranar e molecular e a prevenção de doenças é um dos problemas urgentes. A este respeito, o lugar principal no conceito moderno de prevenção e tratamento de várias patologias em hipoxia e isquémia é dado à criação de uma nova geração de medicamentos.

Os acidentes vasculares cerebrais, os ataques cardíacos, as doenças das artérias coronárias e a diabetes são manifestações clínicas generalizadas da restrição do fornecimento de oxigénio e de substratos à célula viva. As estatísticas que reflectem as doenças do sistema cardiovascular são ameaçadoras. A doença cardíaca coronária e a insuficiência cardíaca crónica estão principalmente associadas a uma diminuição do fornecimento de sangue coronário e ao desenvolvimento de hipoxia. Mais de 15 milhões de pessoas sofrem destas doenças em todo o mundo. A mortalidade por insuficiência cardíaca crónica é de, pelo menos, 200.000 pessoas por ano. A incidência de novos diagnósticos de insuficiência cardíaca crónica só nos Estados Unidos é de 400 000 pessoas por ano, e todos estes números continuam a aumentar no século XXI. As questões relacionadas com a isquémia de outros órgãos: cérebro, pulmões, fígado, rins, extremidades, estão em grande parte por resolver.

Atualmente, a procura de compostos de origem vegetal com potencial atividade farmacológica promissora para o desenvolvimento de novas abordagens à terapia de várias doenças é uma tarefa urgente em todo o mundo. No processo de estudo dos compostos de origem vegetal, tem-se obtido informação valiosa, que tem proporcionado um interesse significativo na conceção e desenvolvimento de novos fármacos promissores para o tratamento de várias patologias. À luz do exposto, o tema da tese é altamente relevante e procurado, uma vez que os dados obtidos na caraterização das peculiaridades do mecanismo de ação restauradora da patologia, contribuem para a criação de uma nova geração de medicamentos eficazes, desprovidos de efeitos secundários perigosos.

Na nossa república, a organização de trabalhos de investigação destinados a criar novos medicamentos altamente eficazes a partir de matérias-primas locais e a realização de actividades em grande escala para fornecer ao mercado farmacêutico nacional medicamentos de alta qualidade a um nível elevado conduziram a determinados resultados. É particularmente importante referir os medicamentos obtidos a partir de matérias-primas vegetais locais, que são amplamente utilizados no tratamento de várias patologias. As condições isquémicas e hipóxicas manifestam-se em várias patologias e conduzem à morte clínica. Assim, as questões relacionadas com a isquémia e a hipóxia, incluindo a farmacoterapia, são de extrema importância.

Esta pesquisa de dissertação, em certa medida, serve a implementação das tarefas estipuladas nos Decretos do Presidente da República do Uzbequistão № PP-1652 de 28 de novembro de 2011 "Sobre as medidas para aprofundar a reforma do sistema de saúde" e № PP - 1855 e 21 de novembro de 2012 "Sobre o Programa de Investimento da

República do Uzbequistão para 2013", bem como em outros documentos legais adoptados nesta área.

CAPÍTULO I. EFEITOS BIOLÓGICOS DAS ISOFLAVONAS; PAPEL DAS MITOCÔNDRIAS NA ESTRUTURA E FUNÇÃO CELULARES

1.1 Caracterização geral das isoflavonas

As isoflavonas são uma subclasse dos flavonóides, um grande grupo de compostos polifenólicos amplamente distribuídos em produtos vegetais. Até à data, foram isoladas mais de 50 isoflavonas. Encontram-se no tremoço, trevo, alfafa, feijão de jardim, soja, Pueraria loblia, psoralea, nas plantas medicinais *Flemingia vestita* e *Flemingia macrophylla* [Li B.Q., Song Q.S., 2009; Wang B.S., Juang L.J., Yang J.J., Chen L.Y., Tai H.M., Huan M.H., 2012] e no café [Alves R.C., Almeida I.M., Casal S., Oliveira M.B., 2010]. A genisteína também se encontra na *Maackia amurensis* [Fedoreyev S.A., Pokushalov T.V., Veselova M.V., Glebko L.I., Kulesh N.I., Muzarok T.I., Seletskaya L.D., Bulgakov V.P., Zhuravlev Y.N., 2000]. Três derivados principais da isoflavona - dadzeína, genisteína e gliciteína - encontram-se em grandes quantidades em várias partes da soja e noutras vagens [Setchell K.D.R., 1998; Messina M., Messina V., 2000].

A genisteína tem um grupo hidroxilo na 5ª posição, com 3 grupos hidroxilo em cada uma, enquanto a dadzeína tem dois desses grupos. As isoflavonas são membros de uma classe de substâncias vegetais biologicamente activas denominadas flavonóides, que, por sua vez, são conhecidas como um grupo de partes quimicamente constituintes das plantas denominadas polifenóis. As isoflavonas não estão tão amplamente distribuídas na natureza como os outros flavonóides. Por exemplo, as flavonas e os flavonóis estão muito amplamente distribuídos no reino vegetal. As isoflavonas são isoladas apenas em representantes da subfamília Leguminosae (Stringaceae) e da família Pailionoidae [Harbone J.B., Baxter H., 1995]. A genisteína é formada a partir da biocanina A e a daidzeína a partir da formonononetina [**Nakata R et al., 2016**]. A genisteína e a daidzeína podem estar presentes nos produtos de soja sob a forma dos seus glicosídeos, a genisteína e a daidzeína. Recentemente, tem-se verificado uma forte promoção dos extractos de 7-isoproxi-isoflavona (ipriflavona) e 5-metil-7-metoxi-isoflavona (metoxi-isoflavona), que são descritos como "potentes substâncias anabolizantes" [Smart N.A., McKenzie S.G., Nix L.M., Baldwin S.E., Page K., Wade D., Hampson P.K., 1998; Messina M., Messina V., 2000; Aubertin-Leheudre M., Lord C., Khalil A., Dionne I.J., 2007].

Após a digestão no trato digestivo, a genisteína é convertida na forma de aglucona, a genisteína. Esta é decomposta com a remoção das ligações covalentes da glucose, surgindo assim a genisteína. A genisteína é a forma de isoflavona que é absorvida no intestino. A atividade biológica da isoflavona depende desta forma. O metabolismo digestivo foi demonstrado pela primeira vez em 2002 e, neste processo, a microflora intestinal desempenha um papel importante na conversão da genisteína em genisteína [Coldham N.G., Darby C., Hows M., King L.J., Zhang A.Q., Sauer M.J., 2001]. Posteriormente, foi demonstrado que as enzimas presentes no intestino delgado e no fígado também têm a capacidade de converter as isoflavonas. Com efeito, a hidrólise começa imediatamente após a digestão da genisteína no trato digestivo. A conversão começa na boca e continua no intestino delgado. Além disso, a saliva humana e o extrato livre de células intestinais de ratinhos podem causar a conversão completa da genistina [Coldham N.G., Darby C., Hows M., King L.J., Zhang A.Q., Sauer M.J., 2001].

As isoflavonas sofrem um metabolismo prolongado no trato intestinal antes de serem absorvidas pelo sangue e pela linfa. No caso dos glicosídeos de isoflavona da soja, as glicosidases bacterianas intestinais clivam o resíduo de açúcar, libertando isoflavonas biologicamente activas, como a genisteína e a dadzeína. Nos adultos, a genisteína e a dadzeína são posteriormente transformadas pelas bactérias nos metabolitos ekuol, O-desmetilangolensis, di-hidrogenisteína e p-etilfenol. Devido ao consumo de soja pelo gado, os metabolitos das isoflavonas também são consumidos nos produtos lácteos e na carne [Adlercreutz H., Mazur W., 1997]. Muitos estudos demonstraram uma elevada absorção de genisteína no intestino delgado dos seres humanos que consumiram uma bebida de soja [**Nagino T, Kaga C, Kano M, Masuoka N., 2018**]. A genisteína e outras isoflavonas demonstraram uma elevada atividade biológica no intestino neonatal. São capazes de reduzir os efeitos patológicos da infeção por rotavírus; a genistina, por si só, demonstrou inibir a infeção viral em 40-60% [Donovan S.M., Andres A., Mathai R.A., Kuhlenschmidt T.B., Kuhlenschmidt M.S., 2009].

Imediatamente após a absorção, as isoflavonas são transportadas para o fígado; a eficiência desta depuração hepática primária afeta as quantidades de isoflavonas que atingem os tecidos periféricos [Šošić-Jurjević B, Lütjohann D, Jarić I, Miler M et al., 2017].

1.2 Acções biológicas das isoflavonas

Uma nova página no estudo da ação dos estrogénios foi aberta em 1996 com a descoberta do Erb (estrogénio b) [Enmark E., Pelto-Huikko M., Grandien K., Lagercrantz S., Lagercrantz J., Fried G., Nordenskjo L.M., Gustafsson J.A., 1997]. Embora se ligue à Era, que se situa no cromossoma 6, foi antes localizada no cromossoma 14 [Pike A.C., Brzozowski A.M., Hubbard R.E., Bonn T., Thorsell A.G., Engstro M.O., Ljunggren J., Gustafsson J.A., Carlquist M., 1999]. Os locais de ligação do ligando tinham uma elevada homologia entre Era e Erb. No entanto, a diferença nos seus aminoácidos era tal que a afinidade de ligação da genistina a Erb aumentava significativamente e esta propriedade foi comprovada por estudos de estrutura cristalina de raios X [Sassi-Messai S., Gibert Y., Bernard L., Nishio S., Ferri Lagneau K.F., Molina J., Andersson-Lendahl M., Benoit G., Balaguer P., Laudet V., 2009]. É de notar que a diferença de aminoácidos entre Era e Erb não conduz a diferenças nas semelhanças destes receptores [D'Alessandro T., Boersma B.J., Peterson T.G., Sfakianos J., Prasain J.K., Patel R., Darley-Usmar V.M., Botting N., Barnes S., 2005]. Os estudos estruturais mostram também que a forma habitual de desenhar a estrutura da genistina comparando-a com o 17 bestradiol é incorrecta; a genistina tem de mudar completamente de modo a que o anel B, que faz parte do local de ligação dos estrogénios, não seja um anel A [Matthews J.., Gustafsson J.A., 2003; Sassi-Messai S., Gibert Y., Bernard L., Nishio S., Ferri Lagneau K.F., Molina J., Andersson-Lendahl M., Benoit G., Balaguer P., Laudet V., 2009]. Existem vários mecanismos de ação das isoflavonas propostos pelos investigadores. As isoflavonas genisteína, dadzeína, gliciteína, biokanina A, formonononetina e equol podem ser usadas em várias doenças relacionadas à inflamação como uma fonte alternativa para medicamentos clássicos, e que o consumo de alimentos ricos em isoflavonas pode representar um pré-requisito para prevenir o desenvolvimento de doenças causadas por inflamação [Danciu C. et al, 2018], indução da clivagem da fita de DNA como resultado de apoptose ou morte celular [Šošić-Jurjević B, Lütjohann D, Jarić I, Miler M et al., 2017], inibição da 5 - alfa redutase [Evans BA, Griffiths K., Morton MS, 1995], inibição da sulfatação mediada pela fenolsulfotransferase (PST) da forma P, inibição da formação de trombina e ativação de plaquetas sanguíneas e aumento da atividade de lipídios de baixa densidade (LDL) [Potter SM, 1996].

$_{2}$-A genistina afecta a expressão de enzimas que reagem com antioxidantes ou pode reagir com oxidantes secundários como o HOCl ou o ONO . Para além dos receptores de estrogénio, a genistina e outras isoflavonas reagem também com os receptores activados por proliferadores de peroxissoma, que são activados por ácidos gordos [Kim S., Shin H.J., Kim S.Y., Kim J.H., Lee Y.S., Kim D.H., Lee M.O., 2004; Chacko B.K., Chandler R.T., Mundhekar A., Pruitt H.M., Kucik D.F., Kevil C.G., Barnes S., Patel R.P., 2005]. Trata-se de receptores nucleares que são activados por ácidos gordos e prostaglandinas e funcionam como factores de transcrição. A genistina inibe o fator de necrose tumoral através da regulação positiva das prostaglandinas [Chacko B.K., Chandler R.T., Mundhekar A., Pruitt H.M., Kucik D.F., Kevil C.G., Barnes S., Patel R.P., 2005]. Para além dos receptores de estrogénio, a genistina e outras isoflavonas reagem igualmente com os receptores activados por proliferadores de peroxissoma, activados por ácidos gordos [Kim S., Shin H.J., Kim S.Y., Kim J.H., Lee Y.S., Kim D.H., Lee M.O., 2004; Chacko B.K., Chandler R.T., Mundhekar A., Pruitt H.M., Kucik D.F., Kevil C.G., Barnes S., Patel R.P., 2005].

A genistina inibe o fator de necrose tumoral regulando positivamente as prostaglandinas [Chacko B.K., Chandler R.T., Mundhekar A., Pruitt H.M., Kucik D.F., Kevil C.G., Barnes S., Patel R.P., 2005]. As isoflavonas de soja podem também ajudar a prevenir o cancro da mama, alterando o metabolismo dos estrogénios para metabolitos mais benéficos. Existem amplas provas de que os metabolitos específicos dos estrogénios, principalmente a 16ά-hidroxiestrona (16ά-OH) e a 4-hidroxiestrona (4-OH), podem aumentar o risco de cancro da mama, aumentando a proliferação celular e os danos directos no ADN. Por outro lado, a 2-hidroxiestrona (2-OH) pode induzir a apoptose, inibindo assim a proliferação celular, que é um mecanismo importante para a prevenção do cancro. Um outro mecanismo que bloqueia o desenvolvimento do cancro é a inibição, pelas isoflavonas, da angiogénese, ou seja, do crescimento dos vasos sanguíneos que alimentam o tumor. Ao atuar na angiogénese, as isoflavonas privam os tecidos tumorais de vasos sanguíneos, o que inibe o desenvolvimento do tumor e pode impedir a sua propagação. As isoflavonas da soja e outros fitoestrogénios podem aumentar a produção da proteína de ligação às hormonas sexuais (hBPH), o que reduz eficazmente a atividade estimuladora dos estrogénios, uma vez que apenas os estrogénios livres podem entrar nas células e induzir a sua atividade biológica. Uma vez que a BSPG reduz a atividade dos estrogénios nas células humanas do cancro da mama, a estimulação da sua produção reduz, assim, o risco de formas de cancro dependentes de hormonas. Esta afirmação é igualmente apoiada por dados epidemiológicos, que mostram que os níveis de BSPG são mais baixos nas pacientes com cancro da mama do que nos vegetarianos saudáveis [Coward L, Barnes N.C., Setchell K.D.R. et al., 1993].

Numerosos estudos in vitro demonstraram que a genisteína e a genisteína contribuem para um aumento quantitativo e qualitativo do metabolismo ósseo nos tecidos ósseos do fémur de ratos velhos. A presença de genisteína e de genisteína em culturas de tecidos induziu aumentos acentuados da atividade da fosfatase alcalina, do ácido desoxirribonucleico (ADN) e do teor de cálcio. O efeito da genisteína foi muito mais percetível e mais forte do que o da genistina. Verificou-se também que a genisteína tem uma forte atividade preventiva contra a fragilidade óssea em ratos experimentais e o seu efeito foi particularmente notório quando combinada com fruto-oligossacaridases [Hooshmand S., Juma S., Arjmandi B.H., 2010]. A quantidade de tecido ósseo novo produzido pelo enxerto de genisteína na matriz de colagénio, em comparação com o tecido ósseo sintetizado apenas no colagénio em coelhos brancos da Nova Zelândia, foi muito mais elevada.

A genistina é um recetor nuclear que é ativado por ácidos gordos e prostaglandinas e funciona como um fator de transcrição [Kim D.O., Lee C.Y., 2004; Chacko B.K., Chandler R.T., Mundhekar A., Pruitt H.M., Kucik D.F., Kevil C.G., Barnes S., Patel R.P., 2005]. Existem sítios gonadais adicionais de síntese de estrogénio estimulados pela genistina [Hooper L., Ryder J.J., Kurzer M.S., Lampe J.W., Messina M.J., Phipps W.R., Cassidy A., 2009]. A genistina é convertida num derivado triiodo. No entanto, muitos polifenóis de frutos e vegetais são inibidores da peroxidase da tiroide, e alguns têm uma capacidade inferior à da genistina [Divi R.L., Chang H.C., Doerge D.R., 1997]. Existem sítios gonadais adicionais de síntese de estrogénio estimulados pela genistina [Hooper L., Ryder J.J., Kurzer M.S., Lampe J.W., Messina M.J., Phipps W.R., Cassidy A., 2009].

Para além dos receptores de estrogénio, a daidzina reage igualmente com os peroxissomas dos receptores activados por proliferadores, activados por ácidos gordos [Kim S., Shin H.J., Kim S.Y., Kim J.H., Lee Y.S., Kim D.H., Lee M.O., 2004; Chacko B.K., Chandler R.T., Mundhekar A., Pruitt H.M., Kucik D.F., Kevil C.G., Barnes S., Patel R.P., 2005]. A daidzina é um recetor nuclear que é ativado por ácidos gordos e prostaglandinas e funciona como um fator de transcrição. A daidzina inibe o fator de necrose tumoral através da regulação positiva das prostaglandinas [Chacko B.K., Chandler R.T., Mundhekar A., Pruitt H.M., Kucik D.F., Kevil C.G., Barnes S., Patel R.P., 2005]. Curiosamente, a 3'-cloração aumentou o efeito do agonista daidzina nas prostaglandinas em comparação com a genistina [Chacko B.K., Chandler R.T., D'Alessandro T.L., Mundhekar A., Khoo N.K., Botting N., Barnes S., Patel R.P., 2007]. Em contrapartida, a 6- e 8-cloração da daidzina reduziu significativamente o efeito do agonista sobre as prostaglandinas [Makela S., Poutanen M., Lehtima K.J., Kostian M.L., Santti R., Vihko R., 1995].

Curiosamente, a 3'-cloração aumentou o efeito do agonista daidzina nas prostaglandinas em comparação com a genistina [Chacko B.K., Chandler R.T., D'Alessandro T.L., Mundhekar A., Khoo N.K., Botting N., Barnes S., Patel R.P., 2007]. Em contrapartida, a 6- e 8-cloração da daidzina reduziu significativamente o efeito agonista sobre as prostaglandinas [Makela S., Poutanen M., Lehtima K.J., Kostian M.L., Santti R., Vihko R., 1995]. Foram propostos vários outros mecanismos para demonstrar a atividade das isoflavonas. Estes incluem a estimulação-inibição da atividade enzimática que envolve a síntese e o metabolismo dos esteróides [Brooks J.D., Thompson L.U., 2005]. No entanto, o efeito das isoflavonas nas concentrações plasmáticas de estrogénios e androgénios é geralmente fraco [Divi R.L., Chang H.C., Doerge D.R., 1997]. Outro alvo enzimático é a peroxidase da tiroide - esta enzima converte a tri-iodotironina (T3) em tiroxina (T4). As isoflavonas são consideradas inibidores competitivos desta reação [Divi R.L., Doerge D.R., 1996].

Uma mistura de isoflavonóides como o orobol e a genistina, após muitos estudos laboratoriais e clínicos, foi reconhecida como inibidora da proteína quinase específica da tirosina e do turnover do fosfatidilinositol [Tomonaga T., Mine T., Kojima I., Taira M., Hayashi H., Isono K., 1992]. Estas substâncias são frequentemente utilizadas como instrumento farmacológico para avaliar as vias condutoras da transdução de sinais em vários sistemas celulares. Estas substâncias aumentam o cálcio livre endoplasmático nos hepatócitos do fígado. $^{2+2+}$Uma vez que os efeitos do movimento do Ca foram observados em tampão contendo 1 mM de cálcio, a fonte de Ca pode ser um depósito intracelular.

De acordo com alguns estudos, níveis elevados de excreção de certos fitoestrogénios (correlacionados com a sua ingestão), especialmente a daidzina, demonstraram estar associados a uma redução significativa do risco de cancro da mama.

Estudos de caso-controlo, epidemiológicos e *in vitro, em* todas as fases da sua implementação, provaram de forma convincente a eficácia das isoflavonas de soja na proteção contra o cancro da mama [Lamartiniere C.A., Moore J., Holland M., Barnes S., 1995; Ingram D., Sanders K., Kolybaba M., Lopez D., 1997]. Estudos epidemiológicos, clínicos e *in vitro* sugerem que as isoflavonas de soja podem ajudar a proteger contra o cancro da próstata [Hempstock J., Kavanagh J.P., George N.J.R., 1998].

O genistin inibe o efeito inibidor do tamoxifeno sobre o crescimento das células tumorais dependentes de estrogénios [Jones J.L., Daley B.J., Enderson B.L. et al., 2002; Ju Y.H., Doerge D.R., Allred K.F. et al., 2002]. As mulheres pós-menopáusicas devem ser muito cautelosas quanto à toma de genistina durante a terapêutica com tamoxina para o cancro da mama dependente de estrogénios. A genistina e a dadsina têm o poder de bloquear a saturação de iodo da tirosina [Divi R.L., Chang H.C., Doerge D.R., 1997]. Alguns cientistas referem que as isoflavonas da soja podem reduzir a função da tiroide (Doerge Dr., Sheehan D.M., 2002).

As isoflavonas de soja podem ter um efeito anti-estrogénico, competindo com outros estrogénios pelos receptores comuns [Fernandez R., Orozco W., Frias J., Munoz R. et al., 2007]. Um declínio acentuado do nível de estrogénio é a principal causa do desenvolvimento acelerado da aterosclerose e da patologia cardiovascular em geral nas mulheres na menopausa. Não há dúvida de que os estrogénios têm um efeito protetor pronunciado no sistema cardiovascular das mulheres. Existe um grande número de receptores de estrogénio nas células endoteliais e musculares lisas dos vasos sanguíneos, o que indica o papel importante destas hormonas no funcionamento do sistema vascular.

Estes compostos podem aliviar os sintomas indesejáveis da menopausa e reduzir o risco de osteoporose e de doenças cardiovasculares. Além disso, actuando como uma hormona anti-estrogénica fisiológica, previnem o risco de cancro da mama, inibem a produção de AFC, ajudam a reduzir os níveis de colesterol e a formação de radicais livres [Aguiar P.M., Barbosa A de P., 2014].

Numerosos estudos clínicos e experimentais indicam que um elevado teor de fitoestrogénios na alimentação previne o desenvolvimento de doenças cardiovasculares e osteoporose. Os fitoestrogénios não têm efeitos secundários, ao contrário dos estrogénios sintéticos [Rice S., Whitehead S.A., 2008]. As isoflavonas - genisteína e daidzeína, bem como os seus metabolitos, foram considerados responsáveis pelo efeito oncoprofilático dos produtos de soja. Os fitoestrogénios são capazes de bloquear a hiperplasia do epitélio da glândula mamária, reduzindo o risco de neoplasias malignas. Também bloqueiam a ação da enzima do tecido adiposo - aromatase, que realiza a transformação de androgénios em estrogénios e é especialmente ativa em pacientes obesos, criando altas concentrações locais de estrogénio no tecido mamário, o que aumenta o risco de desenvolvimento de tumores [Rice S., Whitehead S.A., 2008].

Tal como os estrogénios, as isoflavonas estão incluídas no processo de esterificação dos ácidos gordos, tornando a sua superfície mais lipofílica, e também protegem o núcleo lipídico das partículas de lipoproteínas na oxidação dos ésteres de colesterol das lipoproteínas de baixa densidade [Tikkanen M.J., Vihma V., Hockerstedt A. et al., 2002]. Simultaneamente, a daidzeína apresentou uma atividade antioxidante mais pronunciada do que a genisteína. Inibição da oxidação do LDL in vitro, e também - processos de modificação do LDL mediados por células (monócitos/macrófagos) [Hwang J., Wang J., Morazzoni P. et al., 2003]. O processo de inflamação local no contexto de dislipidemia concomitante, como muitos autores acreditam, é o principal componente da patogénese da aterosclerose [Libby P., 2002]. A ligação dos fitoestrogénios aos receptores de estrogénio modula a resposta imunitária. Em particular, a genisteína (proteína de soja) está ativamente envolvida nas reacções anti-inflamatórias das isoflavonas [Boersma B.J., Patel R.P., Botting N. et al., 2001; Verdrengh M., Jonsson I.M., Holmdahl R. et al., 2003], incluindo a inibição da expressão de moléculas de adesão, a geração de radicais livres [Lim Y., Kim S.H., Cho Y.J. et al., 1997; Nagata M., Sedgwick J.B., Busse W.W., 1997], a inibição da libertação de factores de quimiotaxia [Tanabe J., Watanabe M., Kondoh S. et al., 1994]. Todos estes mecanismos importantes, com a participação das isoflavonas, podem reduzir o desenvolvimento da aterosclerose, modulando um ou simultaneamente vários elos do processo inflamatório. A proteína de soja e os fitoestrogénios promovem a reatividade vascular em resposta à ação da acetilcolina e promovem o processo de dilatação mediada pelo fluxo sanguíneo. Ambas as reacções são secundárias à ação do óxido nítrico libertado pelo endotélio da parede arterial. São utilizadas como endpoints na monitorização das reacções de disfunção endotelial em humanos, dada a correlação fiável entre a vasoreactividade dependente do endotélio coronário à acetilcolina (no contexto da dilatação do a. brachialis mediada pelo fluxo sanguíneo) e a ocorrência de eventos coronários [Schachinger V., Britten M.B., Zeiher A.M., 2000; Suwaidi J.A., Hamasaki S., Higano S.T. et al., 2000]. Um certo número de relatórios [Squadrito F., Altavilla D., Morabito N. et al., 2002; Cuevas A.M., Irribarra V.L., Castillo O.A. et al., 2003; Squadrito F., Altavilla D., Crisafulli A. et al., 2003], mas não todos os estudos [Hale G., Paul Labrador M., Dwyer J.H., Merz C.N., 2000; Teede H.J., Dalais F.S., Kotsopoulos D. et al., 2001; Teede H.J., McGrath B.P., DeSilva L. et al., 2003] fornecem provas de que a proteína de soja e as isoflavonas isoladas melhoram a função endotelial. A disfunção endotelial sofreu uma redução acentuada como resultado de reacções dependentes de NO em resposta à ação da acetilcolina.

Vários estudos observaram o efeito dos produtos que contêm soja e das isoflavonas isoladas noutros parâmetros do sistema cardiovascular. Em particular - na falta de resposta da elasticidade da parede vascular arterial ao aumento da pressão arterial. Ao mesmo tempo, uma diminuição desta complacência serviu como fator de risco para o desenvolvimento de patologia coronária [Kingwell B.A. Gatzka C.D., 2002]. A análise da velocidade de pulso do fluxo sanguíneo [van der Schouw Y.T., Pijpe A., Lebrun C.E. et al., 2002] com o objetivo de diagnosticar as propriedades elásticas da parede da aorta demonstrou uma relação associativa entre o consumo de isoflavonas na alimentação e a redução da velocidade de onda de pulso. Teede H.J., Dalais F.S., Kotsopoulos D. et al., [2001] relataram os resultados de 3 meses de observações controladas por placebo de indivíduos em monoterapia (40 g/dia) com proteínas de soja (de acordo com um desenho de estudo que incluía 118 g de isoflavonas e 40 g de caseína). Os resultados da comparação dos grupos ("caseína" e "soja") de homens normotensos e mulheres pós-menopáusicas revelaram uma melhoria significativa da velocidade das ondas de pulso na periferia, sem alterações do fluxo sanguíneo central e das reacções sistémicas do leito arterial [Teede H.J., Dalais F.S., Kotsopoulos D. et al., 2001]. Foi observado um efeito favorável da proteína de soja (isoflavonas sob a forma de comprimidos) no nível da tensão arterial (numa dosagem de 55 mg/dia) [Hodgson J.M., Puddey I.B., Beilin L.J. et al., 1999]. Dados semelhantes foram obtidos num outro estudo [Teede H.J., McGrath B.P., DeSilva L. et al., 2003] com uma monoterapia de isoflavona em comprimidos (80 mg/dia, durante 6 semanas) realizada com êxito na hipertensão arterial dos idosos. Nas condições de utilização de um modelo especialmente concebido de lesão da parede microvascular associada à trombose induzida fotoquimicamente em ratos, foi confirmada a possibilidade de inibição da trombogénese in vivo e da agregação plaquetária in vitro pela genisteína [Kondo K., Suzuki Y., Ikeda Y., Umemura K., 2002].

A daidzina é uma importante isoflavona isolada da Puerariae radix e é utilizada para neutralizar os efeitos secundários associados ao consumo excessivo de álcool [Keung et al., 1995]. *Em* estudos *in vitro,* a daidzina demonstrou ser um inibidor potente e seletivo da aldeído desidrogenase mitocondrial (ALDH-2) [Keung e Vallee, 1993], que é a principal isoforma da ALDH que catalisa a desintoxicação do acetaldeído dependente do etanol. Em estudos recentes, a daidzina suprimiu a produção de TNF-α dependente de LPS em ratos [Hasumuma et al., 2007]. Além disso, a sua atividade antioxidante foi investigada e estabelecida em vários estudos [Cherdshewasart e Sutjit, 2008]. De acordo com estes estudos, pode sugerir-se que a dadsina pode exercer uma função protetora contra a insuficiência hepática induzida por D-GalN/LPS.

Neste trabalho, foi investigada a atividade redutora da daidzina na insuficiência hepática induzida por GalN/LPS [Prasain et al., 2003]. As acções farmacológicas destas substâncias bioactivas estão associadas a efeitos antioxidantes, antidipsotrópicos e outros [Chueh et al., 2004]. Num estudo, verificou-se que a dadsina tinha efeitos protectores contra a hepatotoxicidade in vitro induzida por tetracloreto de carbono, D-GalN- e *t-butil* hidroperóxido [Park et al., 2007]. Neste estudo, os ratos do grupo tratado com D-GalN/LPS começaram a morrer 6 horas mais tarde e a taxa de mortalidade atingiu 73,3% (11 de 15 ratos) após 24 horas. Oito horas após a injeção de D-GalN/LPS, observou-se uma necrose grave devido à insuficiência hepática transitória (aguda) induzida por D-GalN/LPS. Os níveis de aminotransferase no soro estavam acentuadamente elevados. Os resultados indicam que a dajina protege os ratinhos da insuficiência hepática aguda induzida por D-GalN/LPS, sendo prova disso a redução acentuada da mortalidade e da aminotransferase sérica de uma forma dependente da dose. Sem dúvida, a histopatologia hepática mostrou claramente que a hemorragia (hemorragia) induzida por D-GalNN/LPS, a necrose e a degeneração dos hepatócitos melhoraram drasticamente nos ratinhos pré-tratados com dajin. Embora o estudo de Hasumuma et al. tenha demonstrado que a dajina não tem qualquer efeito protetor contra a mortalidade induzida por D-GalN/LPS. A obtenção destes resultados deve-se provavelmente à utilização de uma dose inferior à dose efectiva utilizada nos nossos estudos.

Este trabalho investiga o efeito da dadsina na insuficiência hepática induzida por d-galactosamina e lipopolissacárido em ratinhos. Os ratos receberam uma injeção intraperitoneal de dajin (25, 50, 100 e 200 mg/kg) uma hora antes de receberem uma injeção de d-galactosamina (700 mg/kg) e LPS (10 μg/kg) [Sung-Hwa Kim, Jeong-Haing Heo, Yeong Shik Kim, Sam Sik Kang, Jae Sue Choi, Sun-Mee Lee 1, 2008]. O Dajin reduziu acentuadamente a atividade da aminotransferase sérica elevada e os níveis de peroxidação lipídica e do fator α necrótico do tumor. O teor de glutatião foi inferior no grupo da d-galactosamina e do lipopolissacárido, que foram solubilizados com dadsina. O pré-tratamento com dadsin inibe o inchaço mitocondrial observado no grupo da d-galactosamina e do lipopolissacárido. A dadsina pára a apoptose dos hepatócitos. Este processo foi confirmado pelo ensaio da caspase-3. Globalmente, os resultados obtidos sugerem que a proteção do fígado pela dadsina se deve à redução do stress oxidativo e à atividade anti-apoptótica.

A dadsina é um recetor nuclear que é ativado por ácidos gordos e prostaglandinas e funciona como um fator de transcrição. A dadsina inibe o fator de necrose tumoral regulando positivamente as prostaglandinas [Chacko B.K., Chandler R.T., Mundhekar A., Pruitt H.M., Kucik D.F.,

Kevil C.G., Barnes S., Patel R.P., 2005]. Em contrapartida, a 6- e 8-cloração da dadsina reduziu significativamente o efeito do agonista sobre as prostaglandinas [Makela S., Poutanen M., Lehtima K.J., Kostian M.L., Santti R., Vihko R., 1995]. Em ensaios in vitro, verificou-se que a dadsina tem o poder de bloquear a saturação da tirosina com iodo [Divi R.L., Chang H.C., Doerge D.R., 1997]. A dadsina reage com peroxissomas de receptores activados por proliferadores, activados por ácidos gordos [Kim S., Shin H.J., Kim S.Y., Kim J.H., Lee Y.S., Kim D.H., Lee M.O., 2004; Chacko B.K., Chandler R.T., Mundhekar A., Pruitt H.M., Kucik D.F., Kevil C.G., Barnes S., Patel R.P., 2005].

1.3 O papel das mitocôndrias na estrutura e função celular

As mitocôndrias são as estruturas intracelulares mais importantes que desempenham um papel significativo não só no funcionamento das células humanas e animais em condições normais, mas também em vários processos patológicos. O desenvolvimento da maior parte dos processos patológicos, nomeadamente a anóxia, a isquémia, o choque hemorrágico, etc., é acompanhado de perturbações no funcionamento normal das mitocôndrias e de uma perda global das funções mitocondriais. $^{2+}$As mitocôndrias perdem a capacidade de manter um gradiente eletroquímico de iões de hidrogénio na membrana interna, de realizar eficazmente a fosforilação oxidativa, a produção de ATP e a homeostase equilibrada do ião Ca mitocondrial, apesar da presença de oxigénio e de substratos de oxidação [Cunningham C.C., Bailey S.M., 2001; Di L.F., Canton M., Menabo R., Dodoni G., Bernardi P., 2003; Bandyopadhyay S.K., Dutta A., 2005; Di L.F., Bernardi P., 2005; Christophe M., Nicolas S., 2006].

Existem muitos organelos na célula dos organismos vivos com funções individuais que apoiam a atividade vital da célula. Entre estes organelos, a mitocôndria é metade da célula, produzindo a energia necessária para a função celular. As espécies reactivas de oxigénio podem causar disfunção mitocondrial e contribuir para muitas das doenças que são frequentemente observadas nas unidades de cuidados intensivos das clínicas. Espécies activas de oxigénio (AOS) - os radicais livres têm um enorme impacto na mitocôndria. Quando a formação de AFCs aumenta, ocorrem danos celulares frequentes, que terminam em disfunção mitocondrial [Murphy, Smith, 2000; Pieczenik, Neustadt, 2007]. Quando são produzidas espécies reactivas de oxigénio nas mitocôndrias, ocorrem alterações funcionais e estruturais, provocando a libertação do citocromo c. As mitocôndrias danificadas são o gatilho para a libertação do citocromo c através dos poros mitocondriais. O citocromo c libertado é a "sentença de morte" da célula [Green & Reed, 1998]. A apoptose, ou morte celular programada, é necessária para manter a homeostasia no organismo; no entanto, quando este processo ocorre prematuramente devido à produção de espécies reactivas de oxigénio, conduz a muitas condições patológicas [Reed, 2002]. O stress oxidativo está associado a doenças como o enfisema, o enfarte do miocárdio e o acidente vascular cerebral [Hill, Singal, 1996; Anderson, Seed, Ou, Harris, 1999; Leinonen et all., 2000]. Quando o organismo produz radicais livres em excesso da sua capacidade de os eliminar ou devido a uma redução dos antioxidantes, ocorre o stress oxidativo. Os radicais livres reagem com vários organelos da célula, nomeadamente a mitocôndria. A mitocôndria é, no entanto, uma fonte essencial de energia e de metabolismo, e desempenha um papel importante em vários processos patológicos diferentes.

Foram obtidos muitos dados experimentais que indicam que as mitocôndrias são os principais alvos de vários efeitos patológicos [Wallace D.C., 2001; Szewczyk A., Wojtczak L., 2002; Di L.F., Canton M., Menabo R., Kaludercic N., Bernardi P., 2007; Szeto H.H., 2008]. Nos últimos anos, foi estabelecido que várias doenças degenerativas, o envelhecimento do organismo e o desenvolvimento de tumores cancerígenos estão associados a defeitos mitocondriais. O estudo de pacientes com estas doenças permitiu-nos descobrir a relação entre mutações nos genomas mitocondrial e nuclear. No entanto, a fisiopatologia das doenças mitocondriais continua por esclarecer. O papel essencial da respiração, da fosforilação oxidativa na produção de energia intracelular, do transporte de cálcio, da geração de espécies reactivas de oxigénio e da iniciação da apoptose e das células cancerosas sugere novos mecanismos para as patologias mitocondriais [Wallace D.C., Fan W., Procacco V., 2010].

O metabolismo energético é um alvo da hipóxia e da isquemia e é um dos primeiros processos metabólicos a ser perturbado em condições de deficiência de oxigénio e de oxidação de substratos. Por conseguinte, a hipóxia e a isquémia podem ser a causa da perturbação de vários processos dependentes da energia, responsáveis pela manutenção da atividade dos principais sistemas funcionais da célula, e levar a um desequilíbrio no metabolismo da energia e das substâncias.

A este respeito, a identificação de regularidades relativas à relação entre a estrutura e a atividade biológica dos isoflavonóides, a decifração do mecanismo de ação destas substâncias sobre os principais complexos energéticos e metabólicos da célula determinam a pertinência do seu estudo em fisiologia e medicina.

1.4 O papel das mitocôndrias na formação de espécies reactivas de oxigénio

Biliões de células, que diferem em tamanho e forma, criam tecidos e órgãos especializados. A maioria das células está rodeada por uma membrana celular e é constituída por um núcleo e muitos organelos. Os organelos celulares, por sua vez, estão rodeados por uma membrana que permite a separação e a comunicação. Cada organelo tem uma função responsável pela viabilidade da célula; no entanto, a mitocôndria é um pequeno organelo, com enormes responsabilidades, incluindo a formação de energia celular e a respiração [Wallace,1999].

Estruturalmente, a mitocôndria é uma organela filamentosa separada por uma membrana externa e uma membrana interna que forma estruturas semelhantes a dedos chamadas cristas [Murphy e Smith, 2000]. As cristas têm camadas chamadas lamelas, que aumentam a área de superfície da membrana interna e reduzem o tempo de transporte das moléculas [Paumard et al., 2002; Mannella, 2006]. A membrana externa porosa é formada por estruturas proteicas e é permeável a moléculas minúsculas devido à bicamada fosfolipídica. Com convoluções, a membrana interna contém enzimas e vias metabólicas que participam na produção de ATP. As membranas externa e interna formam um espaço intermembranar que contém muitas proteínas que são essenciais nas vias metabólicas. O espaço denso da matriz da mitocôndria contém ribossomas, enzimas e proteínas necessárias para várias vias metabólicas, como o ciclo do ácido cítrico [Murphy, Smith, 2000].

Quando a mitocôndria funciona como motor da célula, a maior parte do oxigénio absorvido durante a respiração é utilizado pela mitocôndria para produzir a energia de que a célula necessita [Murphy, Smith, 2000]. A palavra grega *"hemi"* é uma abreviatura da palavra motor, que é uma câmara de combustão hemisférica, o que a torna mais potente aquando do processo de combustão. Assim, o termo "motor celular" é utilizado em relação à mitocôndria, que é a estrutura produtora de energia da célula.

Durante o metabolismo fisiológico normal, formam-se espécies reactivas de oxigénio como subprodutos do oxigénio. As espécies reactivas de oxigénio são derivados redox do oxigénio molecular e moléculas altamente reactivas que desempenham um papel importante na sinalização celular [Murrant, Reid, 2001; Chesnokova N.P., Ponukalina E.V., Bizenkova M.N., 2006]. As formas activas de oxigénio são altamente reactivas devido à presença de electrões não emparelhados na camada de valência. Exemplos de espécies activas de oxigénio (AOS) na célula são o superóxido, o peróxido de hidrogénio e os radicais hidroxilo. Os AFC desempenham um papel na citotoxicidade devido a alterações na estrutura e função das proteínas, lípidos e ácidos nucleicos. [Tarpey, Wink, Grisham, 2004]. Estas alterações ocorrem devido a modificações redox pós-traducionais baseadas no nível de libertação de proteínas e na oxidação de lípidos e ácidos nucleicos [Forrester, Stamler, 2007]. O nível de AFCs aumenta durante o stress e o resultado pode ser alterações patológicas na estrutura e função mitocondrial.

As mitocôndrias são organelos que não só fornecem energia ao organismo, como também mantêm a relação dinâmica do metabolismo. As mitocôndrias desempenham todas as funções básicas da célula: contratilidade, transporte de iões, hereditariedade, etc. [Alam T.I., Kanki T. Et al. [Alam T.I., Kanki T. Et al., 2003; Garrido N., Griparic L. et al. , 2003; Kutsyy M.P., Gulyaeva N.A., Kuznetsova E.A., Gaziev A.I., 2005; Lipskaya T.Y., Voinova V.V., 2008].

$_2^{-}$Durante o processo normal de fosforilação oxidativa, 0,4% a 4,0% de todo o oxigénio consumido é convertido nas mitocôndrias em radicais superóxido (O) [Skulachev V.P., 1999; 2001]. As espécies activas de oxigénio são importantes mediadores citotóxicos e de sinalização da inflamação hepática [Jaeschke, 2000]. O ataque das espécies reactivas de oxigénio às membranas biológicas pode levar a danos oxidativos dos ácidos gordos polinsaturados da membrana através da peroxidação lipídica. Os hidroperóxidos lipídicos e os seus produtos de clivagem estão envolvidos na desativação e degradação das enzimas mitocondriais e das proteínas de transporte [Chen e Yu, 1994]. Foram obtidos muitos dados experimentais que indicam que as mitocôndrias são os principais alvos de vários efeitos patológicos [Wallace D.C., 2001; Szewczyk A., Wojtczak L., 2002; Di L.F., Canton M., Menabo R., Kaludercic N., Bernardi P., 2007; Szeto H.H., 2008].

Além disso, as mitocôndrias desempenham um papel fundamental na apoptose [Skulachev V.P., 1996; Green D.R., Reed J.C., 1998]. ^{Shc}Quando uma pessoa está sob stress, são libertadas muitas substâncias, incluindo uma proteína chamada p66 . Esta proteína retira os electrões do citocromo c_mitocondrial e utiliza-os para produzir peróxido de hidrogénio [Orsini et al., 2006]. Se as mitocôndrias produzem abundantemente AFC, perdem a capacidade de sintetizar ATP, o que leva a uma disfunção da bomba de sódio-potássio da membrana celular. Como resultado desta patologia, as mitocôndrias incham e libertam o citocromo c, devido ao qual as caspases são activadas e induzidas, ou seja, estimula-se a apoptose [Wakabayashi, 2002]. A apoptose é a morte celular programada, que é um processo fisiológico normal do organismo para manter a homeostasia. Numerosas vias apoptóticas são estimuladas pela atividade mitocondrial [Wang, 2001]. Quando há um "enfraquecimento" desta via, a apoptose pode ocorrer mais ou menos frequentemente do que o normal, causando problemas patológicos [Murphy, Smith, 2000]. Durante certas fases da apoptose, ocorre o desacoplamento das mitocôndrias, que é acompanhado pela degradação do ADN [Kroemer, Petit, Zamzami, Vayssiere, Mignotte, 1995]. Além disso, podem ocorrer alterações metabólicas nas mitocôndrias durante a apoptose, levando a reacções enzimáticas que afectam diretamente a função mitocondrial [Wang, 2001]. Isto resulta em danos celulares que conduzem a várias doenças [Wallace, 1999].

As mutações do ADN mitocondrial (ADNmt) podem também estar na origem de muitas doenças [Clayton, 1991]. Comparado com o ADN nuclear, o ADNmt é redondo, pequeno e simples [Murphy, Smith, 2000; Wallace, 1999]. Um pormenor interessante sobre as mutações do ADNmt e as doenças é que quanto mais mutações nucleares ocorrem, mais graves são os sintomas [Lightowlers, Chinnery, Turnbull, Howell, 1997]. A produção de ATP pode diminuir com as mutações do ADNmt; por conseguinte, as células que dependem do ADN produzido nas mitocôndrias são consideradas como estando em maior risco de doença [DiMauro, Schon, 2001]. Muitos doentes internados em unidades de cuidados intensivos apresentam um estado clínico de disfunção mitocondrial causado por AFC e danos no mtDNA [Murphy, Smith, 2000; Pieczenik, Neustadt, 2007; Tarpey et al., 2004].

Existem muitas outras substâncias que aceleram algumas doenças mitocondriais. As substâncias mais comuns são o álcool e o fumo do cigarro. O álcool desencadeia a ativação dos poros semipermeáveis de cálcio das mitocôndrias, provocando a libertação do citocromo *c* e, subsequentemente, a apoptose [Hajnoczky, Buzas, Pacher, Hoek, Rubin, 2005]. O monóxido de carbono inalado pelo fumo do cigarro destrói as mitocôndrias ao inibir a fosforilação oxidativa do complexo IV das mitocôndrias [Gvozdjakova et al., 1984; Leone, Landini, Biadi, Balbarini, 2008]. Surpreendentemente, um tipo de tratamento comummente utilizado na clínica pode causar danos nas mitocôndrias devido à abundância de oxigénio. Quando as células são expostas à hiperóxia, são libertados radicais livres abundantes que podem causar danos mitocondriais extensos. [Pagano, Donati, Metrailler, Barazzone Argiroffo, 2004; Scatena et al., 2004]. Escusado será dizer que a falta de oxigénio e a hipoxia também podem causar um metabolismo anaeróbico e reduzir a produção de ATP pelas mitocôndrias.

Um dos primeiros artigos sobre o tratamento do cliente na terapia médica de emergência foi sobre o papel das mitocôndrias e salientou a importância de os clínicos de emergência médica compreenderem a disfunção mitocondrial e as terapias curativas [Watts, Kline, 2003]. Todos os órgãos vitais do corpo requerem quantidades significativas de energia para desempenharem as suas funções, pelo que não é surpreendente que doenças graves possam resultar de disfunção mitocondrial [Murphy, Smith, 2000].

À medida que os adultos envelhecem, desenvolvem uma disfunção mitocondrial grave e esta condição conduz a uma variedade de condições patológicas. Estas podem incluir diabetes de tipo 2, aterosclerose, doença arterial coronária, doença de Alzheimer e doença de Parkinson. Além disso, medicamentos como a sinvastatina, o haloperidol e o captopril podem também afetar gravemente a integridade mitocondrial [Casademont et al., 2007; Schick et al., 2007]. Embora estejam a ser descobertas doenças específicas das mitocôndrias, o problema relacionado com o diagnóstico de mutações do ADNmt continua por resolver devido à complexidade da relação "genótipo-fenótipo" [Wong, 2007]. [Wong, 2007]. Quando a integridade mitocondrial é afetada, conduz a lesões nos órgãos e a várias patologias. Algumas terapias farmacológicas para as mitocôndrias são utilizadas devido ao seu papel no metabolismo energético, na produção de AFC e na apoptose. Por exemplo, o atenolol e o carvedilol apresentam efeitos antioxidantes e inibem a produção do citocromo c mitocondrial. Eles podem reduzir a mortalidade total e os danos celulares associados à insuficiência cardíaca aguda [Burke W.T., Trivedi J.R., Flaherty M.P., Grubb K.J., 2018; Lechat et al., 1998; Romeo, Li, Shi, Mehta, 2000]. Assim, quando os fármacos acima mencionados são administrados, os cientistas devem antecipar os mecanismos celulares dos processos que ocorrem. A doença mais comum observada, pelos clínicos em cuidados intensivos, são as doenças mitocondriais. Numerosos estudos clínicos têm demonstrado que a estrutura e função mitocondrial muda de normal para patológica durante a lesão miocárdica [Marin-Garcia, Goldenthal, 2002]. No processo isquémico, a produção de AFC pelas mitocôndrias é aumentada e o stress oxidativo é comum [Shohet, Garcia, 2007]. O aumento da produção de espécies reactivas de oxigénio e a diminuição da produção de ATP conduzem à doença mitocondrial, que por sua vez leva à apoptose [Webster et al., 2006]. Para reduzir a quantidade de espécies reactivas de oxigénio produzidas durante a patologia mitocondrial, a terapia antioxidante é benéfica para evitar a abundância de stress oxidativo e danos adicionais. Existem muitos tratamentos diferentes, atualmente em fase de teste, para a lesão do miocárdio que utilizam antioxidantes, inibidores da caspase, fator de crescimento semelhante à insulina-1 e bloqueadores dos canais de cálcio [Khoynezhad, Jalali, Tortolani, 2004; Ratnam, Ankola, Bhardwaj, Sahana, Kumar, 2006]. Outra doença que é tratada nos cuidados intensivos são as queimaduras. Em qualquer queimadura, ocorre stress oxidativo; no entanto, em queimaduras graves, este pode ser um fator que contribui para a falência de órgãos [Horton, 2003]. Numerosos estudos demonstraram que a terapia antioxidante deve ser utilizada para reduzir a imunossupressão relacionada com a queimadura e melhorar a função dos órgãos após a lesão por queimadura [Cetinkale, Senel, Bulan, 1999; Tauskela, 2007]. Um estudo sobre os efeitos benéficos da terapêutica antioxidante demonstrou que a terapêutica com vitaminas antioxidantes previne a disfunção cardíaca [Zang et al., 2007]. Diferentes tipos de diabetes estão também associados à disfunção mitocondrial [Dobiaš L, Petrová M, Vojtko R, Uličná O, Vančová O , , Kristová V., 2015; Patche J, Girard D, Catan A, Boyer F, Dobi A, Planesse C, Diotel N, Guerin-Dubourg A, Baret P, Bravo SB, Paradela-Dobarro B, Álvarez E, Essop

MF, Meilhac O, Bourdon E, Rondeau P., 2016; Almatov K.T., 1990; Almatov K.T., Rasulova V.B., Rakhimova N.M., Klemesheva L.S., Rakhimov M.M., 2001; Schrauwen, Hesselink, 2004; Nisoli, Cozzi, Carruba, 2008]. A diabetes tipo 2 está intimamente relacionada com a patologia mitocondrial. Por conseguinte, a prevenção e o tratamento desta doença devem centrar-se nas mitocôndrias [Wiederkehr, Wollheim, 2006]. O aumento das espécies reactivas de oxigénio nas mitocôndrias em resposta à hiperglicemia pode levar a complicações como a insuficiência renal [Forbes, Coughlan, Cooper, 2008]. No músculo esquelético, os doentes diabéticos têm uma baixa concentração de mitocôndrias. Este facto ajuda a explicar a diminuição da fosforilação oxidativa [Civitarese, Ravussin, 2008]. Os investigadores descobriram também que as alterações do estilo de vida podem ajudar a aumentar o número de mitocôndrias e a reduzir a diabetes [Toledo et al., 2007, 2008].

1.5 O papel dos lípidos mitocondriais na estrutura e função celular

Nos últimos anos, foi estabelecido que os lípidos são os mais importantes efectores biológicos, reguladores e mediadores envolvidos em praticamente todos os processos fisiológicos mais importantes (resposta imunitária, transmissão de informação neuronal, regulação do tónus vascular e muscular, hemostase, inflamação, etc.) que ocorrem no organismo, bem como nas reacções bioquímicas que ocorrem nas células animais e humanas [Cullis P.R., Fenske D.B., Hope M.J., 1996; Dyatlovitskaya E.V., Bezuglov V.V., 1998; Liskovich M., Grany M. et al., 1999]. Como mensageiros secundários, transmitem vários sinais externos no interior da célula e são mediadores intercelulares [Kim D.U., Koh T. et al., 1999].

Podem ser atribuídos vários papéis aos lípidos na realização das suas acções funcionais nas membranas [Lenar G., 1979]: 1. Os lípidos representam uma superfície de ligação para as proteínas e, como tal, podem modular a atividade enzimática. 2. Os lípidos são necessários para separar os dois compartimentos aquosos nos processos que envolvem o transporte vetorial de iões, como a transferência de cálcio e a fosforilação oxidativa. O "anel" lipídico em torno da proteína é essencial para o papel acima referido. 3. Os lípidos proporcionam um ambiente hidrofóbico ou uma superfície limite de ligação. São essenciais para as enzimas envolvidas no metabolismo dos lípidos e para as enzimas que têm de penetrar na membrana; além disso, são necessários para a solubilização de cofactores solúveis em lípidos, como a coenzima Q nas mitocôndrias. 4. Os lípidos são necessários para a formação da membrana a partir de subunidades dissociadas; a excreção de lípidos provoca deslocações nas subunidades dos complexos multiproteicos da membrana. 5. Finalmente, os lípidos podem estar envolvidos como moduladores de enzimas ligadas à membrana, induzindo a conformação das proteínas catalíticas propriamente ditas ou contribuindo para as alterações conformacionais intrínsecas que ocorrem durante o ciclo catalítico. Este papel foi confirmado por estudos conformacionais de proteínas modeladas e lipoproteínas séricas, bem como de proteínas membranares.

Recentemente, durante o estudo de muitos processos patológicos, foi completamente estabelecido que as alterações estruturais e funcionais nas membranas estão principalmente associadas a alterações na composição lipídica, no seu estado e na sua correlação mútua. A gravidade e a duração dos processos de danificação das membranas no organismo determinam a gravidade clínica e as particularidades do curso de muitas doenças. A destruição das membranas como fenómeno patológico deve-se ao envolvimento dos lípidos e das suas lisofórmulas nos processos de peroxidação lipídica, o que leva a alterações nas ligações lípido-proteína, na força dos complexos enzimáticos, na sua atividade funcional, noutras macromoléculas das membranas, em danos nos ácidos nucleicos, na perturbação do metabolismo celular [Almatov K.T., 1990; Zelinsky B.A., Vlasenko M.V., 1990].

No que diz respeito às mitocôndrias, essas alterações são características principalmente das proteínas da membrana interna mitocondrial funcionalmente activas, da fosforilaçãooxidativa, das fosfolipases ligadas à membrana e dos processos de peroxidação lipídica [Almatov K.T. 1990, 1993, Almatov K.T. et al. 2017]. A composição fosfolipídica das membranas é regulada por três sistemas: 1) biossíntese, 2) peroxidação e 3) hidrólise enzimática (transacilação ou transalquilação de fosfolípidos).

O sistema de biossíntese lipídica efectua a regulação a um ritmo lento - a síntese de novo de fosfolípidos no retículo endoplasmático ocorre a um ritmo lento e é transportada para outras membranas com a ajuda de proteínas de transporte. $_{212}$A regulação mais "rápida" da composição dos fosfolípidos em resposta a influências externas é efectuada pelo sistema das fosfolipases (fosfolipases A , lisofosfolipases A e A , fosfolipase C e fosfolipase D), bem como pelos radicais livres do sistema de peroxidação lipídica, parecendo existir alguma ligação entre ambos os mecanismos. Todos estes sistemas são universais, encontram-se praticamente em todos os tipos de membranas e desempenham um papel importante em muitos processos funcionais: transporte, energia, transdução de sinais, incluindo em várias condições patológicas. Em geral, foi acumulada até à data uma grande quantidade de dados sobre a função bioefectora dos lípidos, tanto no organismo como na célula. Assim, existem numerosos dados sobre a participação em processos de sinalização como mensageiros secundários de representantes do ciclo dos fosfoinositídeos - diacilgliceróis, fosfato de inositol, inositol-1,4,5-trifosfato, ácido fosfatídico, que estimulam algumas formas de proteína quinase C, mobilizam iões de cálcio de depósitos intracelulares [Tkachuk V.A., 1998; Pappan K., Wang X., 1999; Wang X., 2000; Frank W., Munnik T. et al., 2000]. Um poderoso bioefector é a 1-0-alquil-2-acetilfosfatidilcolina (fator de agregação plaquetária), que regula muitos processos biológicos no sangue.

Recentemente, surgiram muitos dados sobre a função reguladora da lisofosfatidilcolina, que anteriormente era considerada apenas como um detergente endógeno. Verificou-se que, a baixas concentrações (1-10 µM), a lisofosfatidilcolina estimula a atividade da proteína quinase C, aumenta a proliferação celular, estimula a diferenciação das células linfóides, etc. [Prokazova N.V., Zvezdina N.D., Korotaeva A.A., 1998]. Assim, verificou-se que a lisofosfatidilcolina e os ácidos gordos livres aumentam a atividade induzida pelo diacilglicerol de algumas formas de proteína quinase [Dyatlovitskaya E.V., Bezuglov V.V., 1998].

Após muitos estudos laboratoriais e clínicos, a genistina foi reconhecida como inibidor da proteína quinase específica da tirosina e do turnover do fosfatidilinositol [Tomonaga T., Mine T., Kojima I., Taira M., Hayashi H., Isono K., 1992]. A genistina é frequentemente utilizada como instrumento farmacológico para avaliar as vias de transdução de sinais condutores em vários sistemas celulares. Estas substâncias aumentam o cálcio livre endoplasmático nos hepatócitos do fígado. $^{2+2\ +}$Uma vez que os efeitos de movimentação do Ca foram observados em tampão contendo 1 mM de cálcio, a fonte de Ca pode ser um depósito intracelular.

1.6 Efeitos antioxidantes das isoflavonas

As isoflavonas são uma classe de fitoestrogénios que actuam com os receptores de estrogénio, contribuem para a redução dos triglicéridos e do colesterol total, têm propriedades antioxidantes, efeito antiproliferativo e inibem o fator de ativação das placas ateroscleróticas e a formação de coágulos sanguíneos. O efeito benéfico para o organismo da utilização diária a longo prazo de isoflavonas é semelhante a muitos efeitos positivos da terapia de substituição hormonal [Adlercreutz H., Mazur W., 1997].

As isoflavonas de soja actuam como antioxidantes, reduzindo a formação de oxLDL [Hwang J., Sevanian A., Hodis H.N., Ursini F., 2000]. Este processo ocorre na parede arterial e leva à inibição da aterosclerose mesmo sem reduzir o aumento da concentração de LDL no plasma, o que apoia a hipótese de que a oxidação das lipoproteínas é um dos eventos iniciais da aterogénese. Muitos autores constataram a redução do potencial oxidativo do plasma sanguíneo em pacientes com aterosclerose através das proteínas de soja [Tikkanen M.J., Wahala K., Ojala S. et al., 1998; Jenkins D.J., Kendall C.W., Garsetti M. et al., 2000; Wiseman H., O'Reilly J.D., Adlercreutz H. et al., 2000]. Verificou-se uma diminuição, iniciada pela soja, da concentração de conjugados de dieno, do período de atraso induzido pelo cobre e da quantidade de hidroperóxidos de ésteres de colesterol. As isoflavonas, com semelhanças estruturais com os estrogénios, têm um efeito antioxidante pronunciado em concentrações suprafisiológicas [Schwenke D.C., 1998; Hwang J., Sevanian A., Hodis H.N., Ursini F., 2000]. As propriedades antioxidantes dos fitoestrogénios devem-se à sua estrutura fenólica de moléculas semelhantes ao 17β-estradiol [Ruiz M.B., Larrea, A.R. Mohan, G. Paganga et al., 1997] e à capacidade de um fitonutriente específico - a genisteína - para inibir a atividade das tirosina quinases em reacções sensíveis à redox [Akiyama T., Ishida J., Nakagawa S. et al., 1987]. Os fitoestrogénios actuam como sinergistas num efeito conjunto (com outros antioxidantes) na inibição da oxidação do LDL [Hwang J., Sevanian A., Hodis H.N., Ursini F., 2000].

A genistina possui propriedades antioxidantes [Arnold S.F., Vorojeikina D.P., Notides A.C., 1995]. No entanto, não é um antioxidante forte, porque o radical genistina pode reagir com lípidos poli-insaturados iniciando repetidamente o ciclo de oxidação [Patel R.P., Boersma B., Crawford J.H., Hogg N., Kirk M., Kalyanaraman B., Parks D., Barnes S., Darley-Usmar V., 2001].

A dadsina e a genistina inibem os radicais livres, o anião peróxido de hidrogénio e o anião superóxido. Enquanto a genistina aumenta a atividade das enzimas antioxidantes: catalase, superóxido dismutase, glutatião peroxidase e glutatião redutase. Assim, as isoflavonas de soja podem atuar diretamente como antioxidantes ou indiretamente através do aumento da atividade das enzimas antioxidantes. Além disso, um estudo recente mostrou que a ingestão de isoflavonas de soja (50-100 mg/dia) reduziu os danos oxidativos no ADN em humanos. De acordo com alguns estudos, as isoflavonas podem também ter um efeito protetor antioxidante nas lipoproteínas de baixa densidade. A oxidação do colesterol das lipoproteínas de baixa densidade é uma das principais causas da obstrução arterial progressiva na aterosclerose. Estas propriedades antioxidantes explicam outro mecanismo pelo qual as isoflavonas de soja podem contribuir para a prevenção da aterosclerose [Upmalis D.H., Lobo R., Bradley L. et al., 2000].

A genistina afecta a expressão de enzimas que reagem com o antioxidante. Para além dos receptores de estrogénio, a genistina e outras isoflavonas reagem também com receptores activados por proliferadores de peroxissoma que são activados por ácidos gordos [Kim S, Shin H.J, Kim S.Y, Kim J.H, Lee Y.S, Kim D.H, Lee M.O., 2004; Chacko BK, Chandler R.T, Mundhekar A, Pruitt H.M, Kucik D.F, Kevil C.G, Barnes S, Patel R.P, 2005]. São receptores nucleares que são activados por ácidos gordos e prostaglandinas e funcionam como um fator de transcrição.

Assim, como demonstram numerosos estudos, as principais isoflavonas naturais - genistina, dadsina e seus metabolitos - possuem numerosas propriedades para uma proteção eficaz do organismo contra o cancro, as doenças cardiovasculares e a osteoporose. No entanto, são necessários mais estudos para uma compreensão aprofundada das ligações moleculares dos processos fisiopatológicos da influência das isoflavonas no metabolismo energético e lipídico no estado normal e sob stress e patologia.

Assim, o estudo do efeito da genistina e da dadsina sobre a respiração mitocondrial, a síntese de ATP e a atividade da oxidase, a peroxidação lipídica é um problema urgente.

CAPÍTULO II. MÉTODOS DE DETERMINAÇÃO DO METABOLISMO ENERGÉTICO, DOS FOSFOLÍPIDOS E DA PEROXIDAÇÃO LIPÍDICA DAS MITOCÔNDRIAS

2.1.Isoflavonóides - genistina e daidzina; sua utilização em experiências.

Estudou-se o efeito das isoflavonas no metabolismo energético e fosfolipídico e nos processos de peroxidação lipídica em mitocôndrias isoladas de fígado de rato em condições normais e isquémicas. A genistina e a daidzina foram utilizadas sob a forma de solução de glicerol.

A. O efeito das isoflavonas nas funções respiratórias e de fosforilação oxidativa foi estudado imediatamente após o isolamento das mitocôndrias pelo método polarográfico. As soluções de flavonas foram introduzidas na célula polarográfica a uma concentração final de 20, 40, 60 e 80 μg/mg de proteína mitocondrial. Composição do meio de incubação: 0,25 M de sacarose, 2 mM de Tris-HCl, pH 7,4, 10 mM de fosfato de potássio [Almatov K.T., Niyazmetov B.A., Khushbaktova Z.A., Syrov V.V., 2013].

Б. Para detetar alterações induzidas pela isquémia nas mitocôndrias, foram adicionados 40 μg de genistina e dadsina por cada mg de proteína e incubados a 36,7°C. Após 20, 40, 60, 80, 80, 100, 120, 140, 160, 200 e 200 minutos, foram detectadas alterações nas actividades da oxidase mitocondrial. Composição do meio de incubação: 0,25 M de sacarose, 2 mM de Tris-HCl, pH 7,4. [Niyazmetov B.A., Almatov K.T., 2014].

B. Para investigar o efeito das isoflavonas nas atividades da NADH oxidase, foi utilizada a PLA2 isolada do veneno da cobra da Ásia Central *Naja naja Oxiana Echwald* e foi adicionada a 0,08 μg para cada mg de proteína mitocondrial. Após um minuto, 40 μg de cada genisteína ou dadsina (a 20°C) foram adicionados às mitocôndrias e as alterações foram monitorizadas durante 80 minutos. Composição do meio de incubação:

0,25 M de sacarose, 2 mM de Tris-HCl, pH 7,4. [Niyazmetov B.A., Almatov K.T., 2014].

D. Foram estudadas as alterações do metabolismo dos fosfolípidos e da POL em condições isquémicas (36,7°C) após a adição de 40 μg de genistina ou dadsina por cada mg de proteína mitocondrial. Composição do meio de incubação: 0,25 M de sacarose, 2 mM de Tris-HCl, pH 7,4. [Niyazmetov B.A., Karimova G.M., Almatov K.T., 2016: Niyazmetov B.A., Almatov K.T., 2016a,b].

D. Processo POL em isquémia por alterações no conteúdo de malondialdeído [Niyazmetov B.A., Karimova G.M., Almatov K.T., 2015: Niyazmetov B.A., Almatov K.T., 2016].

As isoflavonas em estudo foram produzidas pela ZuleiChem, RPDC.

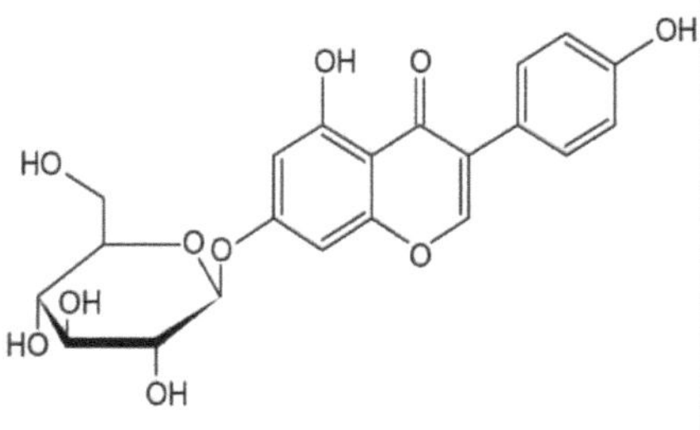	**Genisteína.** 5-Hydroxy-3-(4-hydroxy-phenyl)-7-[(2S,3R,4S,5S,6R)-3,4,5-trihyde-roxy-6-(hydroxymethyl) oxan-2-yl] oxychromen-4-one. Outros nomes: genistosídeo; 7-glucósido de genisteína; glucósido de genisteína; 7-glucósido de genisteína; 7-monoglucósido de genisteol; Glu-cosil-7-genisteína; 7-O-beta-D-glucósido de genisteína. Fórmula química - $C_{21}H_{20}O_{10}$ A massa molar é de 432,37 g/mol.

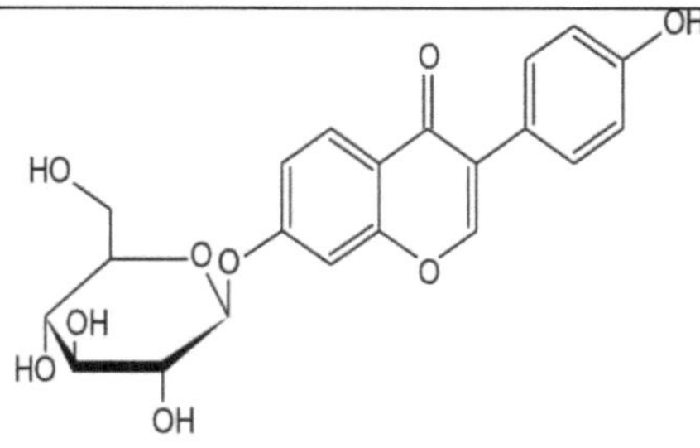	**Dajin.**3-(4-hidroxifenil)-7 [(*2S*, *3R*, *4S*, *5S*,*6R*)-3,4,5- tri-hidroxi-6(hidroximetil)oxan-2-il]oxicromen-4-ona. Outros nomes: Dadzoside. Dadzein 7-glucoside. Dadzeína -7-glucósido. Dadzeína 7-O-glucósido. Dadzeína 7-O-beta-D-glucósido. 21209Fórmula química - C H O Massa molar - 416,38 g/mol

2.2 Isolamento de mitocôndrias de fígado de rato

As mitocôndrias foram isoladas do fígado de animais de acordo com o método geralmente aceite de centrifugação diferencial [Hogeboom et al., 1948] com algumas modificações [Almatov et al., 2013].

A cavidade abdominal dos ratos foi aberta e o fígado foi extraído. O fígado isolado foi imerso num copo com o seguinte meio de extração: sacarose 250 mM, Tris-HCl - 10 mM (pH 7,4), EDTA - 2 mM. O fígado foi limpo de tecidos estranhos (gordura, tecido conjuntivo), depois a sua massa foi determinada por pesagem, esmagado com uma tesoura e colocado num volume de meio de extração pré-arrefecido dez vezes superior à massa do fígado e homogeneizado durante 30-40 segundos num homogeneizador com um pilão de Teflon. Uma condição importante para a homogeneização é a temperatura das soluções e dos materiais utilizados, que não deve exceder 0°- 4°C, uma vez que estes procedimentos conduzem à libertação parcial de enzimas lisossomais e à redução do pH. Ambos os factores afectam a qualidade das preparações mitocondriais. Por conseguinte, todas as operações de isolamento de mitocôndrias foram efectuadas numa câmara fria e em recipientes arrefecidos com gelo. O homogenato obtido foi misturado e vertido para um copo de centrifugação, centrifugado durante 7 minutos a 1400-1500 rpm numa centrífuga CLR-6 a 0° (+1°C) para remover os resíduos celulares e a fração nuclear. A fração sobrenadante obtida foi vertida para um copo de centrifugação limpo e centrifugada durante 15 minutos a 5500 rpm para obter o precipitado mitocondrial. As mitocôndrias obtidas no precipitado foram suspensas com um volume 0,1 vezes superior de meio de extração a frio sem EDTA, tomado em relação ao peso bruto da suspensão de tecido original, até se obter uma densidade de cerca de 30-40 mg de proteína mitocondrial em 1 ml de suspensão.

2.3 Determinação da respiração mitocondrial e da fosforilação oxidativa

A configuração polarográfica foi montada com base num potenciómetro KSP-4 com um acessório polarográfico ligado ao mesmo, mantendo 0,65 volts na saída. Na configuração foi utilizado um elétrodo de platina rotativo e uma célula termostática (25°C) de 1 ml [Almatov et al., 2013]. Foi adicionado à célula um meio de incubação com a seguinte composição: 250 mM sacarose, 10 mM Tris-HCl, pH 7,4. Substratos de flavonas, bem como mitocôndrias, foram adicionados conforme necessário. Os substratos de oxidação eram succinato 10 mM, glutamato 10 mM. A mistura na célula polarográfica foi intensamente agitada por um elétrodo de platina rotativo sensível ao oxigénio. O processo de registo do consumo de oxigénio do meio de incubação foi iniciado com a introdução de uma suspensão de mitocôndrias (0,05 - 0,06 ml) na célula.

Os cálculos da respiração mitocondrial e dos parâmetros de fosforilação foram efectuados de acordo com os critérios de Chance-Williams [Chance, Williams, 1955]. 234ч34Foram determinadas as seguintes taxas de respiração das preparações: V - estado 4 antes da adição de ADP, V - estado de fosforilação ativa, V - estado 4 após a depleção de ADP na célula; controlo respiratório de acordo com Chance (DC - rácio V /V), bem como rácio ADP/O durante a oxidação de succinato e glutamato. As taxas de respiração das mitocôndrias isoladas em todos os estados metabólicos foram expressas em nanogramas de átomos de oxigénio/minuto por 1 mg de proteína.

Passemos à análise do estado metabólico ativo 3. O ADP é adicionado ao meio de incubação. $_{\text{H}}$Como resultado da troca de ATP da matriz translocadora de nucleótidos de adenina por ADP adicionado na matriz, a DG do sistema ATP/ADP.F diminui e a atividade da ATP sintase aumenta. $^{\text{Дм+}}$A síntese de ATP está correlacionada com a saída de protões através do canal de protões da ATP sintase, o que implica uma diminuição H de cerca de 10-30%. Como consequência, há um desequilíbrio entre o gradiente eletroquímico de protões na membrana mitocondrial e os potenciais redox dos transportadores da cadeia respiratória. O resultado é um aumento significativo da respiração e do transporte de electrões ao longo da cadeia respiratória, acompanhado por uma intensa libertação de protões. $^{\text{Дм+}}{}_{\text{H}}$Consequentemente, o fator que controla a taxa de respiração é a perturbação do equilíbrio termodinâmico precisamente equilibrado que ocorre entre o potencial eletroquímico na membrana mitocondrial H , o potencial de fosfato mitocondrial ATP/ADP.F e os potenciais redox dos componentes da cadeia respiratória responsáveis pela ejeção de protões. Na experimentação, o controlo respiratório ou razão de controlo respiratório é geralmente expresso como a razão entre a taxa de respiração na presença de ADP no meio de incubação e a taxa de respiração após a sua depleção, ou seja, a razão entre a taxa de respiração no estado 3 e a taxa de respiração no estado 4. Para mitocôndrias de diferentes tecidos, a razão respiratória varia de 3 a 25. Os estados metabólicos descobertos por Chance permitiram reproduzir in vitro variantes da intensidade da respiração mitocondrial que ocorre num organismo vivo. O estado 3 imita o estado fisiológico do organismo em trabalho ou em excitação; o estado 4 - o estado fisiológico de "repouso ativo" [Kondrashova M.N., 1969] e o estado 3,5 - o estado metabólico intermédio dito "fisiológico" das mitocôndrias, inerente ao estado fisiológico habitual do organismo (atividade normal sem stress). Utilizámos a mesma técnica para estudar os efeitos das flavonas nos estados metabólicos mitocondriais. Uma vez que os momentos de adição de ADP e da sua depleção (transição do estado 3 para o estado 4) são conhecidos com exatidão, e conhecendo a quantidade de ADP adicionada (em moles), não é difícil calcular a partir do polarograma a relação ADP/O, que é equivalente à relação P/O.

2.4 Determinação da atividade dos sistemas NAD.H-oxidase das membranas mitocondriais

As mitocôndrias intactas permitem estudar principalmente a intensidade do processo de fosforilação oxidativa, que depende, em certa medida, da atividade das enzimas da cadeia respiratória mitocondrial. No entanto, as mitocôndrias intactas não permitem determinar a atividade total destas enzimas, uma vez que tal é dificultado, por um lado, pelo sistema de fosforilação oxidativa e, por outro, pela permeabilidade limitada dos substratos de oxidação a estas enzimas. A este respeito, foram utilizadas mitocôndrias únicas congeladas e descongeladas para estudar a atividade dos sistemas de oxidase mitocondrial [Almatov et al., 2013]. O efeito das flavonas na atividade dos sistemas de oxidase da cadeia respiratória mitocondrial foi determinado num polarógrafo a 20°C. A atividade dos seguintes sistemas de oxidase foi medida nestas mitocôndrias: NADH oxidase utilizando 1 mM NADH na presença e ausência de rotenona. A atividade da oxidase foi expressa em nanogramas de átomo de oxigénio/minuto por 1 mg de proteína mitocondrial. A proteína foi determinada de acordo com o método [Lowry O.H., Rosebrough N.J., Farr A.L., Randall R.J. 1951].

2.5 Determinação do teor de fosfolípidos mitocondriais

Os fosfolípidos mitocondriais foram extraídos pelo método de Bligh, Dyer [1959]. A 0,8 ml de meio de incubação foram adicionados 3 ml de uma mistura de clorofórmio/metanol (1/2). O sistema monofásico resultante foi incubado à temperatura ambiente e com agitação constante. No final da incubação, adicionou-se 1 ml de clorofórmio e 1 ml de NaCl 150 mM à amostra e agitou-se durante 5 minutos. Para separar as fracções clorofórmio e água-metanol, o extrato foi centrifugado durante 10 minutos a 2000 g. A camada de água-metanol (2 ml) foi retirada para a determinação do ácido tiobarbitúrico (TBA) - um produto ativo da POL, tendo sido retirados 50 µl da camada de clorofórmio para determinar a quantidade de fósforo total [Andreeva L.I., Kozhemyakin L.D., Kushkin A.A., 1994]. A restante solução de clorofórmio foi evaporada num evaporador rotativo. O resíduo seco foi utilizado para determinar a composição fosfolipídica.

2.5.1 Separação das fracções de fosfolípidos mitocondriais

A composição fosfolipídica das mitocôndrias foi determinada por cromatografia bidimensional em camada fina [**Knittelfelder O.L., Kohlwein S.D., 2017**] e cromatografia unidimensional em camada fina utilizando diferentes sistemas de dispersão [Zweig e Sherma, 1990].

A cromatografia bidimensional em camada fina foi efectuada em placas de vidro de 6 x 9 cm, revestidas com sílica-gel da marca KSK. As placas foram preparadas do seguinte modo: preparou-se uma mistura de gel de sílica fino de 0,1 mm e sol de ácido silícico numa proporção de 1:1. A mistura foi agitada num agitador magnético durante 30 minutos, sendo depois aplicada com uma pipeta de vidro numa placa com uma espessura de camada de 5-7 µm. As placas foram secas ao ar e armazenadas num recipiente fechado para as proteger da humidade e do pó. ^{0}As placas foram activadas a 110 C durante 10-15 minutos antes de serem utilizadas. Os extractos lipídicos secos foram dissolvidos em 0,05 ml de clorofórmio e aplicados nas placas com um capilar de vidro numa quantidade de 10-15 µl. As placas foram então colocadas na câmara para cromatografia nos seguintes sistemas de solventes na primeira direção - clorofórmio - metanol - amoníaco (13:5:1) e na segunda direção: clorofórmio - acetona - metanol - ácido acético glacial (6:8:2:2:2:1).

2.5.2 Quantificação dos fosfolípidos mitocondriais

O teor quantitativo de fosfolípidos nos cromatogramas, bem como o teor total de fosfolípidos nos extractos, foi determinado pelo método do fósforo inorgânico de Vaskovsky [Vaskovsky et al., 1975]. ^{0}As manchas detectadas na placa foram raspadas para tubos (sílica-gel de cada mancha para um tubo separado), foram adicionados 0,2 ml de ácido clórico a 72% e incinerados numa unidade de combustão a 200 C durante 30 minutos. Adicionou-se 1,6 ml do reagente de Vaskovsky aos tubos arrefecidos e aqueceu-se durante 15 minutos num banho de água para o desenvolvimento da cor. A densidade ótica foi medida a um comprimento de onda de 380 nm em SF-16. $_{24}$O teor de fósforo foi determinado por curva de calibração obtida por calorimetria de soluções-padrão de KN RO . A sensibilidade do método é de 1-20 µg de fósforo na amostra.

2.5.3 Identificação dos fosfolípidos mitocondriais

Para evidenciar as manchas de fosfolípidos, as placas foram colocadas numa câmara com vapor de iodo. As manchas foram circundadas com uma agulha fina e o gel de sílica no interior do anel circundado foi raspado. Os fosfolípidos foram quantificados por fósforo.

Após secagem, os fosfolípidos foram identificados utilizando reagentes específicos [**Knittelfelder O.L., Kohlwein S.D., 2017**]:

reagente de ninidrina - para fosfolípidos contendo aminas, reagente de Dragendorf - para fosfolípidos contendo colinas. Foi utilizado nitrato de amónio e prata para a deteção de glicerol e inositol.

2.6 Determinação do processo de peroxidação lipídica mitocondrial

O efeito das flavonas nos processos POL mitocondriais foi determinado de acordo com o método [Vladimirov e Archakov, 1972]. A peroxidação lipídica foi induzida pela adição de 0,3 mM de NADPH e efectuada a 37°C. $_4$Quando se efectuou a POL dependente de NADPH, o meio de incubação continha tampão fosfato 0,05 M, pH 7,4, KC1 0,02 M, FeSO 10 μM e proteína mitocondrial (1,2 mg/ml). Para determinar o teor de produtos POL, foram adicionados 0,5 ml de 30% de TCU e 2,5 ml de ácido tiobarbitúrico (TBA) a 0,5% às amostras (1 ml), após o que a mistura foi incubada durante 15 minutos num banho de água a ferver e depois centrifugada para remover a proteína desnaturada, tendo sido determinada a absorvância a 532 nm.

O princípio do método baseia-se na interação entre o ácido tiobarbitúrico e o dialdeído malónico formado durante a reoxidação de ácidos gordos insaturados com 2-3 ligações dieno. O teor de dialdeído malónico foi medido a um comprimento de onda de 535 nm num espetrofotómetro SF-16, em relação ao controlo. O teor de produtos que reagem com o ácido tiobarbitúrico foi calculado tendo em conta a extinção molar do dialdeído malónico igual a $1,56\times^{6-1}10$ mol cm e expresso em nanomoles de dialdeído malónico/min mg de proteína.

2.7 Determinação do teor de proteínas mitocondriais

Preparação do reagente de Folin. Montar o aparelho com um condensador de refluxo. No balão para a reação, juntam-se 100 g de tungstato de sódio, 20 g de ácido fosfórico-molibdénio, 50 ml de ácido fosfórico a 85 % e 750 ml de água destilada. O balão com a mistura resultante é ligado ao aparelho e a um condensador de refluxo. O conteúdo do balão é submetido a ebulição durante 10 horas. Passado este tempo, desliga-se o aquecedor, arrefece-se o balão e leva-se o volume do reagente a 1 litro com água destilada.

3Preparação do reagente A. É constituído por uma solução a 2% de NaCO em NaOH 0,1 n.

42446Preparação do reagente B. É constituído por uma solução aquosa a 0,5% de sulfato de cobre (CuSO x 5H O), ácido tartárico de sódio (NaC H O) ou citrato de sódio a 1%.

Preparação do reagente C. É preparado antes da experiência: adiciona-se 0,2 ml do reagente B a 10 ml do reagente A e mistura-se bem. Após 10 minutos, pode ser utilizado.

Procedimento para a determinação de proteínas na amostra. Tomar 0,05 ml de suspensão de mitocôndrias e adicionar 9,95 ml de NaOH 0,1 n (diluído 200 vezes). Tomar 0,4 ml da mistura e adicionar 2,5 ml do reagente C e, após 10 minutos, adicionar mais 0,25 ml do reagente E (reagente de Folin diluído duas vezes em água destilada). O conteúdo dos tubos é bem misturado e deixado durante 30 minutos num local escuro. A quantidade de proteína é determinada fotoelectrocolorimetricamente (filtro de luz vermelha) com uma solução que contém todos os aditivos exceto a proteína [Lowry O.H. et al., 1951].

2.8 Tratamento dos resultados obtidos

Os resultados obtidos foram processados utilizando o método estatístico Student-Fisher com cálculo da média aritmética (M), erro médio (m), índice de fiabilidade (t e P). Um valor de P inferior a 0,05 foi considerado como um indicador de diferenças fiáveis.

Reagentes. Foram utilizados os seguintes reagentes: Tris-HCl, ADP, ácido succínico ("Reanal", Hungria). Todos os outros reagentes foram produzidos na Federação Russa, b.d.a. e c.h. Os solventes orgânicos foram purificados por destilação antes de serem utilizados.

CAPÍTULO III. REGULAÇÃO PELA GENISTINA E PELA DAIDZINA DO METABOLISMO ENERGÉTICO, DOS FOSFOLÍPIDOS E DA FORMAÇÃO DE ESPÉCIES REACTIVAS DE OXIGÉNIO NAS MITOCÔNDRIAS

3.1 Efeito da genistina e da daidzina nas funções respiratórias e de síntese de ATP das mitocôndrias

Sabe-se que as mitocôndrias realizam os processos que resultam na acumulação de energia nas células e que estes organóides têm todas as funções básicas de um organismo independente: contratilidade, transporte de iões, hereditariedade, etc. Д. [Alam T.I., Kanki T. et al., 2003; Garrido N., Griparic L. et al., 2003; Kutsyy M.P., Gulyaeva N.A., Kuznetsova E.A., Gaziev A.I., 2005; Zorov D.B., Isaev N.K. et al., 2007; Lipskaya T.Y., Voinova V.V., 2008]. Além disso, as mitocôndrias desempenham um papel fundamental na produção de espécies reactivas de oxigénio da célula. Quando a formação de espécies reactivas de oxigénio aumenta, ocorrem danos celulares frequentes, que terminam em disfunção mitocondrial [Murphy, Smith, 2000; Pieczenik, Neustadt, 2007]. Quando são produzidas espécies reactivas de oxigénio nas mitocôndrias, ocorrem alterações funcionais e estruturais, provocando a libertação do citocromo c. As mitocôndrias danificadas são o gatilho para a libertação do citocromo c através dos poros mitocondriais [Zamzami N., Susin S.A., Marchetti P.et al., 1996; Skulachev V.P., 1996; Yang et al., 1997]. O citocromo c libertado é a "sentença de morte" da célula [Green & Reed, 1998]. A apoptose, ou morte celular programada, é necessária para manter a homeostasia no organismo; no entanto, quando este processo ocorre prematuramente devido à produção de espécies reactivas de oxigénio, conduz a muitas condições patológicas [Reed, 2002]. Para além disso, as mitocôndrias desempenham um papel fundamental na apoptose. Assim, as mitocôndrias são elementos integrantes da matéria viva que preservam as suas propriedades básicas.

As mitocôndrias são as estruturas intracelulares mais importantes que desempenham um papel significativo não só no funcionamento das células humanas e animais em condições normais, mas também em vários processos patológicos. O desenvolvimento da maior parte dos processos patológicos, nomeadamente a anóxia, a isquémia, o choque hemorrágico, etc., é acompanhado de perturbações no funcionamento normal das mitocôndrias e de uma perda global das funções mitocondriais. Foram obtidos muitos dados experimentais que indicam que as mitocôndrias são os principais alvos de vários efeitos patológicos [Wallace D.C., 2001; Szewczyk A., Wojtczak L., 2002; Di L.F., Canton M., Menabo R., Kaludercic N., Bernardi P., 2007; Szeto H.H., 2008].

Se isto for verdade, então as respostas das mitocôndrias isoladas - os seus estados metabólicos - devem corresponder às regularidades fisiológicas das respostas dos organismos vivos às influências externas. Por outras palavras, podemos assumir que existe uma correlação entre os estados metabólicos das mitocôndrias isoladas e estados como a excitação e a inibição. Estes termos são frequentemente utilizados para descrever as respostas sistémicas de todo um organismo. Utilizamo-los no sentido em que são utilizados na fisiologia geral e na bioquímica para designar os padrões básicos de resposta dos tecidos vivos a influências externas.

Assim, propusemo-nos investigar os efeitos das isoflavonas genistina e daidzina na respiração mitocondrial e na fosforilação oxidativa.

As experiências foram efectuadas com a adição de genistina e daidzina à célula polarográfica sob a forma de uma solução de glicerol.

A) **Efeito da genistina. Os** dados apresentados no quadro 1 mostram que a genistina dissolvida em glicerol a baixas concentrações (20 µg/mg de proteína) não tem qualquer efeito sobre a oxidação do glutamato nas mitocôndrias hepáticas. 234Ao mesmo tempo, após a administração de genistina numa dose de 60 µg/mg de proteína mitocondrial, a taxa de oxidação do glutamato no estado metabólico V , V e V diminui ligeiramente (10,8; 14,0 e 11,5%, respetivamente, em relação ao nível de controlo). A genistina não afecta os valores do controlo respiratório de Chance e a respiração mitocondrial estimulada pelo dinitrofenol. No entanto, a genistina aumenta de forma dependente da dose o rácio ADP/O. A administração de genistina à célula polarográfica a 20, 40 e 60 µg/mg de proteína mitocondrial resulta num aumento da relação ADP/O de 8,6; 11,5 e 15,6%, respetivamente, em relação ao nível de controlo.

Quadro 1

Efeitos da genistina na respiração e fosforilação oxidativa das mitocôndrias do fígado (M±m; n= 8-12).

Indicadores	Taxa de respiração, nanogramas de átomo de oxigénio/min mg de proteína			
	Genistina, µg/mg de proteína			
	0	20	40	60
Glutamato				
V_2	22,3±1,3	21,5±1,2	20,7±1,3	20,2±1,2
V_3	51,9±2,1	50,6±2,2	49,1±2,4	45,7±2,2*
V_4	14,1±1,2	13,3±1,4	13,1±1,2	12,9±1,3
$V_{ДНФ}$	55,8±2,3	55,2±2,2	54,6±2,3	50,0±3,1
ч34DK (V :V)	3,68±0,12	3,80±0,13	3,75±0,12	3,54±0,11
ADP/O	2,43±0,08	2,64±0,10*	2,71±0,09**	2,81±0,14**
Succinato				
V_2	44,4±3,0	44,6±3,1	46,4±3,3	46,6±3,4
V_3	117,7±4,4	120,6±4,6	126,8±5,4	127,4±6,2
V_4	32,9±3,2	33,3±3,4	33,4±3,7	34,6±3,8
$V_{ДНФ}$	146,8±5,8	149,6±6,0	158,6±6,4	160,6±6,8
ч34DK (V :V)	3,58±0,15	3,62±0,15	3,79±0,13	3,67±0,13
ADP/O	1,72±0,08	1,91±0,06*	2,23±0,08***	2,45±0,09****

Assim, a genistina aumenta a relação ADP/O das mitocôndrias quando utilizada como substrato para a oxidação do glutamato. Concentrações mais elevadas de genistina reduzem a oxidação do glutamato na cadeia respiratória das mitocôndrias.

A genistina em baixas concentrações não afecta a taxa de oxidação do succinato em diferentes estados metabólicos das mitocôndrias. Deve notar-se, contudo, que a genistina aumenta de forma dependente da dose o rácio ADP/O. Assim, enquanto que após a adição de genistina a uma dose de 20 µg/mg de proteína mitocondrial, a relação ADP/O aumenta em 11,0% em relação ao nível de controlo, aumenta em 29,6 e 42,4% após a administração de 40 e 60 µg/mg de proteína. $^{+}$Na presença de genisteína, o aumento da relação ADP/O com succinato nas mitocôndrias hepáticas é, em nossa opinião, devido ao fenómeno de "transferência reversa de eletrões" (por redução de NAD) [**Robb E.L., Hall A.R., Prime T.A., et al., 2018**]. A vantagem significativa do succinato na manutenção de níveis elevados de NAD.H dependentes de energia, em comparação com os substratos dependentes de NAD, é o principal fator que determina o papel especial do succinato no fornecimento de energia. $_{M}^{+}$A sua vantagem a este respeito é óbvia se tivermos em conta as diferenças de 10-100 vezes nos valores de K de redução de NAD para o succinato e os substratos dependentes de NAD. Este facto explica a existência de um amplo fundo de nucleótidos de piridina, dependente do succinato e inacessível em condições normais aos substratos dependentes da NAD. Este fundo constitui um bom exemplo de compartimentação dinâmica da mitocôndria, quando a execução de certas vias metabólicas é determinada não por parâmetros morfológicos (estruturais) mas por parâmetros cinéticos. Níveis elevados e máximos de compostos ricos em energia, NAD.H e reacções trans-hidrogenase e biossintéticas relacionadas não podem ser alcançados com taxas baixas de produção de energia de substratos dependentes de NAD e só são realizados à custa de taxas elevadas correspondentes associadas à oxidação do succinato. Na nossa opinião, o aumento do teor de ATP nas mitocôndrias leva ao fecho do poro sensível à ciclosporina A. Em [Crompton M., 1999] foi demonstrado que, quando o ATP (em menor grau o ADP e o AMP) se liga, o canal fecha-se rapidamente.

Дм+De acordo com a teoria quimiosmótica de Mitchell, atualmente a mais popular, a síntese de ATP na mitocôndria é realizada devido ao potencial eletroquímico dos protões H . Este último é gerado na membrana mitocondrial por bombas de protões impulsionadas pela energia libertada durante o transporte de electrões ao longo da cadeia respiratória [Mitchell P., 1967]. $^{+}_{0}$Uma vez que no citosol há reacções constantes com consumo de energia ATP, esta é continuamente regenerada pelo funcionamento da cadeia de transporte de electrões (oxidação de substratos) com a ajuda da H -ATP sintase (proteína hidrofóbica F), através do canal do qual o gradiente de protões é "descarregado". A corrente de protões através da membrana (síntese de ATP) e a corrente de electrões ao longo da membrana (redução do oxigénio pela citocromo oxidase) estão interligadas e alteram-se em paralelo. Assim, o controlo da respiração mitocondrial não é mais do que a modulação do fluxo de protões.

Analisando os resultados obtidos, podemos concluir que a genistina aumenta de forma dependente da dose o rácio ADP/O das mitocôndrias hepáticas. Este processo é especialmente notório durante a oxidação do succinato. A genistina, em baixas concentrações, não afecta a respiração mitocondrial, mas com o aumento da sua concentração a oxidação do glutamato diminui ligeiramente.

B) **Efeito da daidzina. Os** dados apresentados no quadro 2 mostram que a daidzina, em concentrações baixas, não afecta a taxa de oxidação do glutamato. No entanto, concentrações mais elevadas de daidzina diminuem ligeiramente a oxidação do glutamato em diferentes estados metabólicos. Ao mesmo tempo, os valores da taxa respiratória

Quadro 2

Efeito da daidzina na respiração e na fosforilação oxidativa das mitocôndrias do fígado (M±m; n= 8-12).

Indicadores	Taxa de respiração, nanogramas de átomo de oxigénio/min mg de proteína			
	Dadsina, µg/mg de proteína			
	0	20	40	60
Glutamato				
V_2	23,4±1,5	22,6±1,5	21,8±1,4	21,2±1,4
V_3	54,5±2,2	53,2±2,0	51,6±2,2	48,0±2,1*
V_4	14,8±1,7	14,0±1,6	13,8±1,7	13,0±1,5
$V_{ДНФ}$	58,6±2,6	58,0±3,2	57,4±3,3	57,7±3,1
ч34DK (V :V)	3,68±0,15	3,80±0,16	3,74±0,14	3,69±0,15
ADP/O	2,43±0,07	2,64±0,10*	2,71±0,09**	2,73±0,11**
Succinato				
V_2	45,0±2,6	44,9±3,0	44,8±2,9	43,3±2,8
V_3	110,0±3,4	114,8±5,7	110,6±6,3	108,0±6,2
V_4	32,8±3,6	32,4±3,3	32,0±3,5	31,3±3,2
$V_{ДНФ}$	150,0±6,2	158,0±6,2	153,6±6,5	152,6±6,0
ч34DK (V :V)	3,35±0,13	3,58±0,16	3,45±0,12	3,45±0,14
ADP/O	1,65±0,10	1,95±0,10*	2,23±0,09***	2,52±0,09****

do controlo Chance não se altera. A administração de daidzina em suspensão de mitocôndrias nas doses de 20, 40 e 60 µg/mg de proteína resulta num aumento da relação ADP/O de 8,6; 11,5 e 12,3%, respetivamente, em relação ao nível de controlo. [4-3-]Isto significa que a dadsina estimula a troca de nucleótidos de adenina (ATP /ADP) entre a matriz mitocondrial e o citosol, efectuada por um sistema de transporte especial - a translocase. De acordo com [**Ludtmann M.H.R., et al., 2017**], a translocase é um elo estreito no sistema de fosforilação oxidativa, e o modo de funcionamento deste sistema depende da atividade da translocase. Uma vez que este transportador desempenha um papel central no sistema respiratório, um grande número de trabalhos é dedicado ao estudo da sua estrutura e propriedades funcionais.

A translocase foi isolada na sua forma não desnaturada, a sua massa molecular e sequência de aminoácidos foram determinadas, a sua biossíntese foi efectuada e foram caracterizados dois estados conformacionais. Utilizando sondas fluorescentes, foi demonstrada a coexistência na membrana tanto de transportadores não móveis (poro portal fixo) como de transportadores móveis que efectuam a difusão rotacional e lateral no plano da membrana [Muller M., Krebs J.J.R., Cherry R.J., Kawato S., 1984]. A caraterística mais essencial da translocase é a sua electrogenicidade. MIsto significa que, em mitocôndrias energizadas, o transporte de nucleótidos é sempre feito numa direção: ADP do citosol para as mitocôndrias, ATP - das mitocôndrias para o citosol, e K para ATP exógeno é mais de 100 vezes superior ao de ADP exógeno; a relação ATP/ADP citosol: ATP/ADP mitocôndria está em dependência linear direta do tamanho do potencial de membrana [**Ludtmann M.H.R., et al., 2017**].

A daidzina não afecta a oxidação do succinato e a magnitude do controlo respiratório por Chance, mas aumenta a relação ADP/O de forma dependente da dose. A daidzina, nas doses de 20, 40 e 60 µg/mg de proteína mitocondrial, aumenta a relação ADP/O em 18,2; 35,1 e 52,7%, respetivamente, em relação ao controlo.

Assim, a daidzina não afecta a função respiratória, mas aumenta a função de síntese de ATP da mitocôndria. A síntese de ATP aumenta de forma particularmente acentuada na via do succinato da cadeia respiratória mitocondrial.

3.2 Alterações da atividade dos sistemas NAD.H-oxidase das membranas mitocondriais durante a isquémia e sua correção pela genistina e pela daidzina

De acordo com os conceitos modernos, o metabolismo energético é um alvo da hipóxia e da isquémia, o que se deve ao facto de, com a diminuição do fornecimento de oxigénio e de substratos à célula e às mitocôndrias, se verificar uma perturbação fásica da atividade enzimática mitocondrial, que se inicia no local do substrato da cadeia respiratória e, à medida que aumenta a gravidade ou a duração da exposição à hipóxia, se estende ao seu local terminal. Tendo em conta o facto de a disfunção mitocondrial acompanhar quase todas as patologias, as perturbações do electrotransporte e da função de conjugação das mitocôndrias nestas condições, que conduzem a uma diminuição do pool intracelular de macroergases e, por conseguinte, à supressão de uma vasta gama de sistemas funcionais-metabólicos dependentes de energia, adquirem um significado especial. Tudo isto determina a necessidade de estudar os mecanismos dos distúrbios energéticos em hipoxia e isquémia e de desenvolver os princípios da sua correção. A importância da investigação nesta área é reforçada pelo facto de existir uma interação estreita entre o metabolismo energético e o estado funcional-metabólico do organismo.

A isquémia é um dos processos patológicos mais difundidos. Pode ter uma etiologia independente, mas pode atuar como um fator concomitante tanto em doenças associadas a disfunções dos sistemas respiratório e cardiovascular, bem como à função de transporte do sangue, como no grande número de outras patologias, e agravar a sua evolução.

A degradação das condições ambientais, a poluição do ambiente, as condições extremas associadas às actividades profissionais de um leque muito vasto de especialistas (voo, escalada, mergulho, etc.) podem provocar perturbações funcionais acompanhadas de estados de hipoxia e isquémia de diferentes origens. Em todos estes casos, várias funções fisiológicas são progressivamente envolvidas no processo patológico (aumento da respiração correlacionado com o aumento da frequência cardíaca, a que se seguem perturbações mentais e emocionais, enfraquecimento e perda de sensibilidade, fraqueza cardíaca e que termina com inconsciência, coma cerebral, rigidez muscular, paragem respiratória e cardíaca e morte).

Se a genistina e a daidzina forem estabilizadores da membrana, a atividade da oxidase deveria sofrer menos alterações em relação aos valores de controlo em condições de aumento da atividade das enzimas lipolíticas e proteolíticas endógenas e exógenas.

Ao estudar o efeito de várias substâncias biologicamente activas nas membranas mitocondriais, podem ser detectadas alterações nas actividades das oxidases. O significado fisiológico destas enzimas reside não só na biotransformação de energia e na participação na transferência de electrões ao longo da cadeia respiratória para o oxigénio molecular, mas também na regulação do influxo de moléculas e na taxa de eliminação de metabolitos [Almatov K.T., 1990].

Se o aumento ou a diminuição das actividades das oxidases ligadas à membrana se deve à aceleração ou, inversamente, à desaceleração do NADH que chega ao centro ativo da NADH desidrogenase, então, para detetar este processo, é necessário incubar as mitocôndrias em condições de ativação das enzimas lipolíticas e proteolíticas endógenas e, em seguida, estudar as alterações das actividades enzimáticas, ou seja, a 36,7°C. Se a genistina for, de facto, um estabilizador da membrana, as actividades da oxidase deveriam, neste caso, sofrer alterações menores do que as do controlo. Os resultados obtidos estão resumidos no quadro 3.

Quando as mitocôndrias são incubadas em condições isquémicas, a atividade da oxidase aumenta ligeiramente no início da incubação, depois diminui ao longo do tempo e diminui no final da incubação; com a genistina envolvida, as alterações nas actividades

3 mesa

Alterações na atividade da NADH-oxidase mitocondrial sob isquémia e sua correção pela genistina (M±m; n=5-6)

Tempo de incubação, Mínimo	2Atividade, nanogramas de átomo de O /min por mg de proteína			
	Controlo	%	Genisteína	%
	NAD.H-oxidase sensível à rotenona			
Controlo	55,54±4,27	100	55,54±4,27	100
20	62,65±4,86	112,8	58,76±4,22	105,8
40	65,20±4,97	117,4	59,93±4,20	107,9
60	66,04±4,88	118,9	61,76±4,12	111,2
80	62,42±4,23	112,4	58,70±4,04	105,7
100	57,54±4,08	103,6	55,70±3,98	100,3
120	53,76±3,97	96,8	55,20±3,60	99,4
140	49,37±4,01	88,9	52,48±3,77	95,5
160	45,54±3,84	81,8	50,87±4,01	91,6
180	41,99±3,42	75,6	48,98±3,78	88,2
200	37,60±3,24	67,7	45,76±2,55	82,4
220	30,10±2,27	54,2	42,54±2,67	76,6
240	25,32±2,30	45,6	38,82±2,89	69,9
	NAD.H-oxidase insensível à rotenona			
Controlo	7,05±0,42	100	7,05±0,42	100
20	7,39±0,43	104,8	7,17±0,41	101,7
40	7,60±0,41	107,8	7,30±0,38	103,5
60	7,73±0,39	109,6	7,44±0,46	105,5
80	7,95±0,48	112,7	7,50±0,48	106,4
100	8,10±0,53	114,9	7,60±0,45	107,8
120	8,29±0,52	117,6	7,67±0,49	108,8
140	8,44±0,57	119,7	7,75±0,52	109,9
160	8,74±0,62	124,0	7,99±0,47	113,3
180	9,07±0,66	128,6	8,23±0,49	116,7
200	9,71±0,72	137,7	8,24±0,52	116,9
220	10,34±0,76	146,6	8,49±0,56	120,4
240	10,74±0,79	152,3	8,73±0,59	123,8

não são significativas em comparação com os valores de controlo. Se a incubação das mitocôndrias de controlo for feita aos 20, 40 e 60 minutos, a atividade da NADH-oxidase sensível à rotenona aumenta 12,8; 17,4 e 18,9%, e com a genistina apenas 5,8; 7,9 e 11,2%. A partir dos 80 minutos, nas mitocôndrias de ambos os grupos, a atividade da NADH oxidase sensível à rotenona começa a diminuir em relação aos 60 minutos e aos 100 minutos é comparável à taxa de pré-incubação. Aos 140 minutos, a atividade destas oxidases começa a diminuir gradualmente em ambos os grupos. A diminuição da atividade da oxidase era palpável nas mitocôndrias de controlo. Enquanto nos 140, 160, 180, 200, 220 e 240 minutos da experiência a atividade da oxidase das mitocôndrias de controlo diminuiu 11,1; 18,0; 24,4; 32,3; 45,8 e 54,4%, com a participação da genistina diminuiu apenas 5,5; 8,4; 11,8; 17,6; 23,4 e 30,1%. Na nossa opinião, o aumento da atividade das NADH-oxidases sensíveis à rotenona no início da incubação e a diminuição no final da incubação em condições de ativação de fosfolipases e proteases endógenas depende do estado da coenzima Q na membrana interna. A ubiquinona (coenzima Q) é um componente obrigatório e o mais móvel das cadeias de transporte de electrões, participa na remoção de protões da matriz mitocondrial e na sua subsequente libertação no espaço intermembranar [Skulachev V.P., 1989].

De acordo com o modelo quimiosmótico atualmente aceite de Peter Mitchell [Mitchell P., Moyle J., 1967], este assegura a conjugação do transporte de electrões e da fosforilação oxidativa. Além disso, a forma reduzida da ubiquinona, devido à sua capacidade de fixar os electrões, funciona como um bom antioxidante. A função antioxidante da ubiquinona foi comprovada depois de a diminuição do teor de ubiquinona nas mitocôndrias ter sido acompanhada por um aumento da peroxidação, enquanto a sua redução teve o efeito oposto. A ubiquinona reduzida é o único antioxidante lipossolúvel que é sintetizado nas células animais e humanas e é constantemente regenerado a partir da forma oxidada pelos sistemas enzimáticos do organismo. Ambas as formas de ubiquinona encontram-se em todas as membranas celulares, no plasma sanguíneo e nas lipoproteínas de baixa densidade.

O aumento da atividade no início da incubação significa um aumento da influência das enzimas líticas endógenas e dos radicais livres nas membranas, facilitando o acesso dos substratos ao centro ativo das oxidases em resultado de um aumento dos locais "não-camada" [Almatov K.T., 1990]. Depois, ao longo do tempo, o aumento da atividade das enzimas líticas endógenas e dos radicais livres acelera os danos nas membranas. Estas alterações perturbam as actividades do citocromo c, da coenzima Q e de outros compostos da membrana interna. O citocromo c é uma proteína que contém heme e que se encontra em grandes quantidades nas células humanas e animais. A principal função desta hemoproteína é participar no transporte de electrões na cadeia respiratória mitocondrial. Um papel igualmente importante do citocromo c no processo de indução da apoptose foi descoberto há relativamente pouco tempo [Liu, Kim, Yang, Jemmerson, Wang, 1996]. O citocromo c é um componente da cadeia de transporte de electrões mitocondrial que, quando libertado das mitocôndrias, inicia a ativação das caspases [Liu, Kim, Yang, Jemmerson, Wang, 1996; Wang X., 2001]. As caspases são proteínas que afectam as substâncias citosólicas e nucleares e conduzem, em última análise, à apoptose (Green & Reed, 1998). O citocromo c é libertado mesmo sem produção excessiva de AFC e provoca a morte celular em resposta a danos no ADN e a infecções (Skulachev,1998).

Pensa-se que as mitocôndrias contêm dois conjuntos de citocromo c: fracamente e firmemente ligados à membrana [Kagan V.E. et al., 2004]. As proteínas do primeiro grupo realizam reacções de transporte de electrões e são responsáveis pela utilização de espécies reactivas de oxigénio no espaço intermembranar. As hemoproteínas do segundo grupo não participam no transporte de electrões na cadeia respiratória. Têm a função de destruir a membrana mitocondrial, nos casos em que os sistemas antioxidantes das mitocôndrias já não são capazes de utilizar os hidroperóxidos lipídicos acumulados nestes organelos. O reforço das alterações acima referidas no final da incubação é a razão para uma diminuição acentuada da atividade das oxidases. Devido ao retardamento dos distúrbios da membrana mitocondrial acima mencionados pela genistina, as alterações nas actividades da NADH-oxidase sensível à rotenona e da succinato oxidase durante a incubação são reduzidas em comparação com os controlos. Assim, pode considerar-se que a genistina é um estabilizador da membrana. A genistina reduz sensivelmente o aumento da atividade da NADH-oxidase insensível à rotenona durante a incubação. Enquanto que no controlo, aos 20, 40, 60, 80, 100, 120, 140, 160, 180, 200, 220 e 240 minutos de incubação, a atividade da NADH-oxidase insensível à rotenona aumentou 4,9 aos 20, 40, 60, 80, 100, 120, 140, 160, 180, 200, 220 e 240 minutos de incubação; 7,8; 9,7; 12,8; 14,9; 17,6; 19,7; 24,0; 28,7; 37,8; 46,7 e 52,4%, com genistina apenas em 1,7; 3,6; 5,6; 6,4; 7,8; 8,9; 10,0; 13,4; 16,7; 18,4; 20,4 e 23,8%. Assim, a genistina em condições isquémicas acelera a diminuição da atividade da NADH-oxidase sensível à rotenona e o aumento da atividade da NADH-oxidase insensível à rotenona, diminuindo assim a libertação de citocromo c da membrana mitocondrial interna para o espaço intermembranar.

A tabela 4 resume os resultados de uma experiência para estudar a dinâmica das alterações da atividade da oxidase quando as mitocôndrias foram incubadas com dadesina a 36,7°C. Para o efeito, foram adicionados 40 µg de dadesina por cada mg de proteína. Se aos 40 minutos de incubação das mitocôndrias de controlo a atividade da NADH-oxidase sensível à rotenona quase não se altera, então a partir dos 80 minutos começa a diminuir e aos 440 minutos diminui 78,8% em relação ao controlo

.

4 mesas

Dinâmica das alterações na atividade da oxidase durante a incubação das mitocôndrias com daidzina a 36,7°C (M±m; n = 5-6).

Tempo de incubação, Mínimo	2Atividade, nanogramas de átomo de O /min por mg de proteína			
	Controlo	%	Dajin	%
	NAD.H-oxidase sensível à rotenona			
Controlo	56,56±3,96	100	56,56±3,96	100
40	54,34±3,30	96,1	56,71±3,87	100,2
80	50,00±3,45	88,4	59,87±3,65	105,8
120	44,43±3,63*	78,5	55,56±2,98	98,2
160	42,97±3,32**	76,0	49,99±3,34	88,4
200	35,69±2,87***	63,1	46,78±3,03*	82,7
240	32,34±2,68****	57,2	45,67±2,89*	80,7
280	24,38±2,45****	43,1	41,35±2,77**	73,1
320	21,30±2,30****	37,6	39,24±2,65***	69,4
360	18,20±2,33****	32,2	37,71±2,45***	66,7
	NAD.H-oxidase insensível à rotenona			
Controlo	7,98±0,32	100	7,98±0,32	100
40	8,33±0,46	104,4	7,88±0,42	98,7
80	8,49±0,52	106,4	7,85±0,50	98,4
120	8,87±0,60	111,1	8,29±0,47	103,9
160	9,26±0,54*	116,0	8,52±0,46	106,7
200	10,79±0,65*	135,2	8,40±0,55	105,2
240	11,22±0,70***	140,6	8,44±0,52	105,7
280	11,70±0,72***	146,6	8,94±0,54*	112,0

320	11,98±0,78***	150,1	8,90±0,49*	111,5
360	12,12±0,67****	151,9	9,33±0,51**	116,9

Com a daidzina, a atividade da NADH-oxidase sensível à rotenona permaneceu inalterada durante 120 minutos, começou a diminuir a partir de 160 minutos e diminuiu 43,5% em 440 minutos. A daidzina abrandou sensivelmente o aumento da atividade da NADH-oxidase durante a incubação. Se na incubação de controlo, aos 440 minutos, a atividade da NADH-oxidase sensível à rotenona aumentou 73,6%, com a participação da daidzina aumentou apenas 24,8%. Assim, a daidzina, durante a incubação, atrasa consideravelmente a dessorção do citocromo c da membrana mitocondrial interna para o espaço intermembranar. Sabe-se na literatura que a libertação do citocromo c para o espaço intermembranar conduz à "apoptose" da célula [Skulachev V.P., 1996; Liu X., Kim C.N., Yang J., Jemmerson R., Wang X., 1996]. A libertação do citocromo para o espaço intermembranar pode ocorrer de duas formas. Em primeiro lugar, devido ao inchaço das mitocôndrias, a membrana externa é rompida [Skulachev V.P., 1996] e, em segundo lugar, a membrana externa permanece intacta e a saída do citocromo do exterior ocorre devido à presença de "poros" gigantes na membrana e, no estado aberto, são permeáveis a moléculas até 1,5 kDa. Devido ao retardamento das perturbações da membrana mitocondrial acima referidas, a alteração da atividade da NADH oxidase sensível à rotenona durante a incubação é retardada em relação aos valores de controlo. Isto implica que a daidzina é um estabilizador da membrana.

Assim, em condições isquémicas, a daidzina acelera a diminuição da atividade da NADH-oxidase sensível à rotenona e o aumento da atividade da NADH-oxidase insensível à rotenona, reduzindo assim a libertação de citocromo c da membrana mitocondrial interna para o espaço intermembranar.

Analisando os resultados obtidos, pode concluir-se que a genistina e a daidzina reduziram de forma acentuada a dessorção do citocromo c da membrana interna para o espaço intermembranar durante a incubação.

$_2$3.3 Efeito da fosfolipase A do veneno de cobra na atividade dos sistemas NAD.H-oxidase das membranas mitocondriais e sua correção com genistina e daidzina

Normalmente, a estabilidade da membrana é determinada pela relação entre os sítios "bicamada", "não bicamada" e fosfolípidos/fosfolípidos e fosfolípidos/proteínas [Almatov K.T., 1990; 1993]. A alteração destes parâmetros leva a um aumento ou diminuição dos sítios "bicamada" e "não bicamada" na membrana e, como resultado, a atividade hidrolítica das fosfolipases e proteases em relação aos fosfolípidos e proteínas aumenta ou aumenta.

Na nossa opinião, a genistina protege as membranas mitocondriais da peroxidação lipídica e da atividade hidrolítica das enzimas líticas endógenas em condições de isquemia, ou seja, tem a capacidade de estabilizar as membranas. Para comprovar esta hipótese, na nossa experiência seguinte, a 20°C, testámos o efeito da genistina na atividade hidrolítica das fosfolipases introduzidas externamente, em condições de diminuição da atividade das enzimas líticas endógenas e de formação de radicais livres.

A). Correção com genisteína. A Tabela 5 mostra as mudanças na atividade da oxidase aos 20, 40, 60 e 80 minutos após a adição de PLA2 isolada do veneno da cobra de óculos da Ásia Central Naja naja Oxichana Echwald e genistina.

A atividade da NADH-oxidase mitocondrial sensível à rotenona de controlo aumentou 25,9% sob a influência da PLA2 e apenas 8,2% sob a influência da genisteína aos 20 minutos da experiência.

A partir dos 40 minutos, a atividade da NADH oxidase sensível à rotenona nas mitocôndrias de ambos os grupos regressa aos valores de controlo. A continuação da incubação leva a uma diminuição da atividade da oxidase e este processo aumenta em função da incubação. O Genistin retarda sensivelmente a diminuição da atividade da oxidase. Se em 60 e 80 minutos de experiência a atividade da NADH-oxidase sensível à rotenona de controlo diminuiu 47,9 e 77,5%, com a participação da genistina apenas 19,2 e 39,7%. Sob a influência da PLA2, a atividade da NADH-oxidase insensível à rotenona de controlo aumentou e este processo acelerou com a continuação da incubação. A genistina abrandou significativamente a alteração da atividade da NADPH-oxidase insensível à rotenona sob a influência da PLA2.

5 tabela

Dinâmica das alterações na atividade da NADH-oxidase **após incubação das mitocôndrias com genistina e PLA2 (M±m; n = 4-5).**

Tempo de incubação, min	$_2$Atividade, nanogramas de átomo de O /min por mg de proteína			
	Controlo+PLA2	%	Genisteína+ PLA2	%
	NAD.H-oxidase sensível à rotenona			
Controlo	53,7±3,8	100	53,7±3,8	100
20	67,6±4,5	125,9	58,1±3,7	108,2
40	54,2±3,9	101,8	56,1±3,5	104,4
60	28,0±3,3	52,1	43,4±2,8	80,8
80	12,1±2,2	22,5	32,4±2,5	60,3
	NAD.H-oxidase insensível à rotenona			
Controlo	7,00±0,38	100	7,00±0,38	100
20	8,79±0,42	125,6	7,88±0,35	112,6
40	9,72±0,54	138,8	8,43±0,37	120,4

60	11,02±0,58	157,4	9,01±0,43	128,7
80	14,05±0,67	200,7	9,69±0,48	138,4

Enquanto que aos 20, 40, 60 e 80 minutos de incubação, a atividade da NADH-oxidase insensível à rotenona aumentou 25,6; 38,9; 57,5 e 100,7% no controlo, com o envolvimento da genisteína apenas em 12,6; 20,4; 28,7 e 38,5%. Assim, como resultado da hidrólise dos fosfolípidos da membrana interna das mitocôndrias pela PLA2, a atividade da NADH-oxidase insensível à rotenona aumenta, acelerando a chegada do NADH ao centro ativo da NADH-oxidase, e este processo é acelerado em conformidade com o aumento da hidrólise dos fosfolípidos, ou seja, com a continuação da incubação. Os resultados obtidos estão de acordo com os dados da literatura [Almatov K.T., 1990]. A genistina inibe significativamente a atividade hidrolítica da PLA2 em relação aos fosfolípidos da membrana interna das mitocôndrias.

Assim, a genistina reduz o efeito da PLA2 do veneno da cobra sobre a atividade da NADH-oxidase. Aumenta o número de locais de "bicamada" na membrana interna, diminui o número de locais de "monocamada", estabiliza as relações fosfolípido/fosfolípido e fosfolípido/proteína, aumenta a resistência dos fosfolípidos e das proteínas à atividade hidrolítica das enzimas lipolíticas e proteolíticas e, por conseguinte, melhora a compacidade da membrana.

Б). Correção com daidzina. A Tabela 6 mostra as alterações na atividade da oxidase aos 20, 40, 60 e 80 minutos após a adição de PLA2 isolada do veneno da cobra de óculos da Ásia Central Naja naja Oxichana Echwald e daidzina.

A atividade da NADH-oxidase sensível à rotenona das mitocôndrias de controlo foi aumentada em 16,9% sob a influência da PLA2 aos 20 minutos da experiência; não foram observadas alterações com a daidzina.

A partir dos 40 minutos, a atividade da NADN-oxidase sensível à rotenona nas mitocôndrias de ambos os grupos regressa aos valores de controlo. A continuação da incubação leva a uma diminuição da atividade da oxidase e este processo aumenta em função da incubação. A daidzina atrasa sensivelmente a diminuição da atividade da oxidase. Se aos 60 minutos da experiência a atividade da NADH-oxidase sensível à rotenona no controlo diminuiu 45,1%, com a participação da daidzina diminuiu 11,1%. Sob a influência da PLA2, a atividade da NADH-oxidase insensível à rotenona aumentou e este processo acelerou com a continuação da incubação. Se aos 80 minutos de incubação a atividade da NADH-oxidase insensível à rotenona no controlo aumentou 69,4%, com a participação da daidzina aumentou apenas 20,9%.

6 tabela

Dinâmica das alterações na atividade da oxidase **após incubação das mitocôndrias com daidzina e PLA2 (M±m; n = 5-6).**

Tempo de incubação, min	2Atividade, nanogramas de átomo de O /min por mg de proteína			
	Controlo+PLA2	%	Dajin+ PLA2	%
	NAD.H-oxidase sensível à rotenona			
Controlo	59,2±4,2	100	59,2±4,2	100
20	69,7±4,8	117,7	59,0±4,4	99,6
40	57,8±3,5	97,6	58,8±3,9	99,3
60	32,5±3,7****	54,9	47,9±4,4**	88,9
80	14,6±3,0****	24,7	38,9±3,8****	65,7
	NAD.H-oxidase insensível à rotenona			
Controlo	8,25±0,45	100	8,25±0,45	100
20	8,66±0,49	104,9	8,08±0,49	97,9
40	9,99±0,51	121,1	8,48±0,33	102,8
60	12,34±0,50***	149,6	9,12±0,40	110,5
80	13,98±0,62***	169,4	9,98±0,43**	120,9

Mesmo no início da incubação, a PLA2 começa a reduzir a atividade da NADH-oxidase da membrana interna da mitocôndria. Assim, a daidzina inibe significativamente a atividade hidrolítica da PLA2 em relação aos fosfolípidos da membrana interna mitocondrial. Isto significa que a daidzina reduz o efeito da PLA2 do veneno da cobra na atividade da NADH-oxidase.

A daidzina aumenta as áreas de "bicamada" na membrana interna, diminui as áreas de "monocamada", reforça as relações fosfolípido/fosfolípido e fosfolípido/proteína, aumenta a resistência dos fosfolípidos e das proteínas à atividade hidrolítica das enzimas lipolíticas e proteolíticas, melhorando assim a compacidade da membrana.

3.4 Efeito da isquémia no metabolismo dos fosfolípidos da membrana mitocondrial e sua correção com genistina e daidzina

Muitos dados da literatura e estudos modernos provaram o papel essencial dos fosfolípidos em diferentes processos biológicos e fisiológicos-bioquímicos. A função mais importante é desempenhada pelos fosfolípidos ácidos (fosfatidilserina, fosfatidilinositol e ácido fosfatídico) e pelos lisofosfolípidos, uma vez que possuem uma elevada atividade biológica [**Baines CP, Gutiérrez-Aguilar M., 2018**]. Os fosfolípidos menores caracterizam-se por uma elevada polaridade e uma permeabilidade selectiva de diferentes iões. São estas propriedades que determinam a sua atividade biológica [Bidon E et all., 1980 NEED FOR UPDATING]. Muitas enzimas ligadas à membrana ou sistemas polienzimáticos não podem exibir a sua atividade catalítica sem fosfolípidos. Como resultado da remoção de lípidos, vários organelos, incluindo as mitocôndrias, perdem a atividade das suas enzimas dependentes de lípidos e, com a ajuda de fosfolípidos exógenos (administrados externamente), a sua atividade pode ser restaurada.

Verificou-se que os fosfolípidos têm uma eficácia diferente. Além disso, os fosfolípidos individuais nas membranas biológicas desempenham uma função vital. Os fosfolípidos do mesmo grupo obtidos de diferentes fontes apresentaram actividades diferentes. Por exemplo, a atividade máxima da ATP sintase sensível à oligomocina foi observada com a adição de fosfolípidos mitocondriais como a fosfatidilserina, a fosfatidicolina e a fosfatidiletanolamina. Verificou-se que a fosfatidilcolina e a fosfatidiletanolamina estavam envolvidas no fornecimento de uma elevada atividade enzimática nas vesículas da membrana mitocondrial. A adição de cardiolipina, juntamente com outros fosfolípidos, aumenta ainda mais a atividade enzimática. No entanto, os fosfoglicéridos artificiais com ácidos gordos saturados são considerados inibidores da enzima [**Baines CP, Gutiérrez-Aguilar M., 2018**]. A fosfatidilcolina é necessária para uma elevada atividade da citocromo oxidase e da β-oxibutirato desidrogenase. Há sugestões de que a interação mútua do citocromo *c* com a citocromo oxidase e do citocromo *b* com a succinato desidrogenase é mediada por fosfolípidos. Foi demonstrada a presença de vários centros de ligação do citocromo *c* na membrana mitocondrial. Estes centros são capazes de ligar não só o citocromo *c* e outros citocromos, mas também fosfolípidos. A fosfatidiletanolamina e a fosfatidilserina são os componentes mais básicos da citocromo oxidase. A cardiolipina desempenha um papel importante no processo de fosforilação oxidativa e é essencial para a manutenção normal das estruturas do sistema enzimático [Almatov, 1990]. Na nossa opinião, a cardiolipina, que é necessária nas funções catalíticas das enzimas, desempenha um papel crucial no processo de transferência de electrões [Almatov, 1993]. Analisando os resultados obtidos, podemos afirmar que as enzimas e os sistemas polienzimáticos da membrana mitocondrial perdem a sua atividade catalítica como resultado da remoção de lípidos e a sua atividade é restaurada com a adição de fosfolípidos exógenos.

Correção do metabolismo dos fosfolípidos da membrana mitocondrial pela genistina após isquémia. **Os** resultados das alterações quantitativas dos lípidos durante a incubação das mitocôndrias com genistina sob isquémia são apresentados no quadro 7.

Incubando as mitocôndrias durante 20 e 40 minutos, o conteúdo de fosfatidilcolina não se altera e, a partir de 60 e 80 minutos, diminui 8,2 e 10,3% em relação ao nível de controlo, respetivamente. Na presença de genisteína, o conteúdo de fosfatidilcolina não se altera durante 80 minutos. Isto significa que o teor de fosfatidilcolina não se altera no início da incubação e depois diminui gradualmente. $_2$Na nossa opinião, isto deve-se a um aumento da atividade hidrolítica da fosfolipase A, cuja presença foi comprovada nas mitocôndrias [Almatov K.T., 1993]. De facto, após 40, 60 e 80 minutos de incubação, o conteúdo de lisofosfatidilcolina aumenta em 14,9; 26,0 e 31,0 por cento do controlo, respetivamente; na presença de genistina, não se altera durante 40 minutos e depois aumenta ligeiramente (após 60 e 80 minutos, em 10,6 e 13,2 por cento).

Sabe-se que o aparecimento de um excesso de lisofosfatidilcolina nas membranas mitocondriais indica uma perturbação profunda da sua estrutura [Hunter D.R., Komai H., Haworth R.A., 1974; NEED FOR UPDATING Almatov K.T., 1990, 1993]. A lisofosfatidilcolina é conhecida desde há muito como um produto do metabolismo da fosfatidilcolina - o principal componente dos fosfolípidos de todas as células eucarióticas e de muitas células procarióticas [Almatov K.T., 1990; Prokazova N.V., Zvezdina N.D., Korotaeva A.A., 1998; NEED FOR UPDATING].

Nestas condições de incubação, o teor de fosfatidiletanolamina durante 40 minutos é quase inalterado e, a partir de 60 minutos, diminui ligeiramente (após 60 e 80 minutos, diminui 5,6 e 10,0%). Ao mesmo tempo, o teor de

7 - Jadwal

Alterações no metabolismo do PC, PE e respectivas lisofórmulas mitocondriais durante a isquémia e sua correção com genistina (M±m; n = 4-5)

Fosfolípidos	Tempo de incubação, min	Teor de fosfolípidos, µg/mg de proteína			
		Controlo	%	Genisteína	%
PC	0	139,5±6,2	100	139,5±6,2	100
	20	136,6±5,4	97,9	138,2±6,4	99,1
	40	137,0±6,8	98,2	137,4±5,9	98,5
	60	128,0±6,5	91,8	136,3±6,8	97,7
	80	125,1±5,8*	89,7	135,2±4,7	96,9
Lizo PC.	0	8,05±0,44	100	8,05±0,44	100
	20	8,4±0,52	104,3	7,9±0,45	98,4
	40	9,2±0,56**	114,9	8,3±0,48	102,8
	60	10,1±0,98***	126,0	8,9±0,55	110,6
	80	10,5±0,74****	131,0	9,1±0,45	113,2
PE	0	107,0±3,0	100	107,0±3,0	100
	20	105,7±4,3	98,8	107,8±4,7	100,8
	40	103,7±4,6	96,9	108,9±4,9	101,2
	60	101,9±3,7	94,4	105,6±4,8	98,7
	80	96,3±3,8*	90,0	103,7±4,5	96,9
Lizo PE	0	9,4±0,6	100	9,4±0,6	100
	20	8,5±0,6	90,9	9,3±0,6	98,8
	40	8,4±0,5	89,2	9,0±0,9	95,6
	60	8,3±0,4	88,2	8,9±0,6	94,7
	80	8,2±0,4	87,4	8,7±0,5	92,8

a lisofosfatidiletanolamina diminui mais acentuadamente (após 20, 40, 60 e 80 minutos, diminui - em 9,1; 10,8; 11,8 e 12,6%). Na presença de genistina, os desvios da fosfatidiletanolamina e da lisofosfatidiletanolamina em relação ao intervalo normal são retardados em 1,2; 4,4; 5,3 e 7,2%. (Incubação de mitocôndrias durante 20, 40, 60 e 80 min o conteúdo de ácidos gordos livres aumentou 28,3; 89,4; 187,1 e 234,2% em comparação com o controlo, com genistina apenas 15,1; 19,3; 36,9 e 41,3%). Na nossa opinião, a diminuição do teor de fosfolípidos mitocondriais em condições de isquémia aumenta a atividade hidrolítica da PLA2 endógena [Rakhimov M.M., Gorbataya O.N., Almatov K.T. et al., 1988; Almatov K.T., 1990], e a genistina reduz a atividade hidrolítica da PLA2 das mitocôndrias. 2 1 Isto significa que, em condições de isquémia, a atividade hidrolítica da fosfolipase A e da lisofosfolipase A das mitocôndrias hepáticas [Almatov K.T., 1990] em relação a estes fosfolípidos aumenta. Em contrapartida, a genistina inibe a atividade destas fosfolipases e das lisofosfolipases mitocondriais em relação a estes fosfolípidos.

Durante a incubação de mitocôndrias na ausência de genistina, após 20, 40, 60 e 80 minutos de incubação, o conteúdo de fosfatidilserina aumenta respetivamente em 6,8; 15,8; 18,0 e 27,5%, com genistina nos primeiros 40 minutos quase não se altera e depois diminui até certo ponto. Na ausência e na presença de genistina, o teor de fosfatidilinositol não se altera. A troca de bases com a fosfatidilcolina ou a fosfatidiletanolamina é a única forma de formar fosfatidilserina e fosfatidilinositol nas células dos animais [**Dey P, Su W.M., Han G.S., Carman G.M., 2017**]. Simultaneamente à transalquilação da fosfatidiletanolamina em fosfatidilserina, ocorre a descarboxilação da fosfatidilserina novamente em fosfatidiletanolamina, de modo que o processo total é essencialmente um ciclo catalítico de descarboxilação de soros em etanolamina. Sabe-se que a fosfatidilserina e o fosfatidilinositol são formados durante as reacções de transferase [**Dey P, Su W.M., Han G.S., Carman G.M., 2017**]. A fosfatidilserina descarboxilase na célula está associada à membrana mitocondrial interna [Suda T., Matsuda M., 1974 NEED FOR UPDATING], pelo que a enzima que realiza a transalquilação de fosfolípidos pode também estar localizada na mitocôndria, embora não haja provas directas deste facto. Assim, a dadsina inibe a síntese de fosfatidilserina e acelera ligeiramente a formação de fosfatidilinositol. Entre os fosfoinositídeos, o PI é considerado o mais abundante. Em condições isquémicas, o teor de cardiolipina e de lisocardiolipina diminuiu gradualmente durante a incubação (quadro 8). Assim, após 40, 60 e 80 minutos de incubação, enquanto o conteúdo de cardiolipina diminui 13,3; 18,3 e 23,2% do controlo, respetivamente, não se altera na presença de genistina durante 60 minutos, apenas após 80 minutos diminui ligeiramente (9,9%). Alterações semelhantes são características da lisocardiolipina (na ausência de genistina, diminui 14,3; 15,8 e 18,8% do controlo, respetivamente). Na presença de genistina, o teor de lisocardiolipina não se altera nos 80 minutos seguintes. $_{21}$A diminuição do teor de cardiolipina nas mitocôndrias hepáticas em condições de isquémia está, em nossa opinião, relacionada com o enfraquecimento da síntese ou com o aumento da atividade hidrolítica da fosfolipase A e da lisofosfolipase A em relação à cardiolipina e à lisocardiolipina. A presença destas fosfolipases nas mitocôndrias foi comprovada [Almatov K.T., 1993]. Numa série de trabalhos [Kiyasu S.Y., Pieringer R.A., Paulus H., Kennedy E.P., 1963; Hostetler K.Y., Vanden Bosch H., Van Deenen L.L.M., 1971] foi demonstrado de forma convincente que as mitocôndrias possuem um conjunto completo de enzimas para a síntese de cardiolipina, que estão associadas à membrana interna.

Mesa de 8

Alterações no metabolismo dos fosfolípidos durante a isquémia e sua correção com genistina (M±m; n = 5-6)

Fosfolípidos	Tempo de incubação, min	Teor de fosfolípidos, μg/mg de proteína			
		Controlo	%	Genisteína	%
PS	0	9,9±0,6	100	9,9±0,6	100
	20	10,6±0,7	106,8	10,1±0,4	102,2
	40	11,4±0,9	115,8	10,3±0,8	104,7
	60	11,7±0,8*	118,0	10,8±0,9	108,9
	80	12,6±1,0***	127,5	11,1±0,6	112,6
PI	0	8,0±0,3	100	8,0±0,3	100
	20	7,9±0,7	98,5	8,0±0,8	100,4
	40	8,1±0,8	101,8	8,3±0,8	103,5
	60	8,3±0,7	104,2	8,5±0,7	106,7
	80	8,4±0,8	105,7	8,8±0,6	109,8
Cardiolipina	0	73,3±7,8	100	73,3±7,8	100
	20	70,9±6,7	96,7	73,2±7,9	99,9
	40	63,5±5,4*	86,7	71,2±4,8	97,1
	60	59,9±5,9**	81,7	70,2±6,1	95,8
	80	56,3±4,8***	76,8	66,8±4,9	91,1
Lisocardio-lipina	0	4,6±0,3	100	4,6±0,3	100
	20	4,3±0,5	93,2	4,6±0,7	99,6
	40	3,9±0,6*	85,7	4,5±0,5	98,6
	60	3,9±0,8*	84,2	4,5±0,7	97,9
	80	2,6±0,9***	56,4	4,4±0,8	95,6
Fosfatídico ácido	0	5,3±0,4	100	5,3±0,4	100
	20	8,8±0,4****	167,1	7,1±0,7*	134,8
	40	9,1±0,6****	171,8	7,7±0,5**	145,0
	60	12,3±0,9****	220,7	8,1±0,7**	152,8
	80	15,8±1,6****	299,2	8,9±0,9***	168,5
Ácido lisofosfatídico	0	6,3±0,5	100	6,3±0,5	100
	20	9,8±0,8****	155,4	7,6±0,6*	120,6
	40	12,4±0,9****	196,9	8,7±0,8**	138,4
	60	14,4±1,1****	229,6	9,1±0,9**	144,3
	80	18,1±1,7****	287,1	9,5±1,0**	150,6

Sabe-se que uma diminuição do teor de citocromo _c_ nas mitocôndrias conduz à apoptose [Yang et al., 1997; Green, Reed, 1998; Skulachev V.P.,

2001]. Em condições de isquémia, a diminuição do teor de citocromo c da membrana interna das mitocôndrias. O relatório de importância fundamental sobre duas fases do processo de libertação do citocromo c das mitocôndrias das células apoptóticas está bem correlacionado com o acima mencionado. A primeira fase envolve a separação do citocromo *c* da membrana mitocondrial interna, onde está associado à cardiolipina por interacções electrostáticas e/ou hidrofóbicas. Esta separação ocorre após a modificação oxidativa da cardiolipina. O aumento subsequente da permeabilidade da membrana mitocondrial externa, sob a ação da oncoproteína Bax, leva à libertação do citocromo c da mitocôndria [Ott M., Robertson J. D., Gogvadze V., Zhivotovsky B., Orrenius S., 2002].

Assim, após 20, 40, 60 e 80 minutos de incubação em condições de isquémia, o teor de ácido fosfatídico aumentou 67,1; 71,8; 110,7 e 199,2%, respetivamente, o ácido lisofosfatídico - 55,4; 96,9; 129,5 e 187,1% do controlo, enquanto na presença de genistina - ácido fosfatídico - em 34,8; 45,0; 52,8 e 68,5%, ácido lisofosfatídico - em 20,6; 38,4; 44,3 e 50,6% (Tabela. 5). βA razão para tal pode ser considerada um aumento da síntese de ácido fosfatídico a partir de -glicerofosfato e ácidos gordos [**Connerth M et al., 2012**] ou da atividade hidrolítica da fosfolipase D mitocondrial [Almatov K.T., Gorbataya O.N. et al., 1987]. O aumento do conteúdo destes fosfolípidos em condições de isquemia, na nossa opinião, está associado a um aumento da atividade hidrolítica da fosfolipase D. Esta enzima hidrolisa tanto os fosfolípidos como os lisofosfolípidos [Almatov K.T., 1993]. Sabe-se que a maioria dos processos de síntese ocorre nos microssomas, de onde os fosfolípidos são transportados para várias membranas, incluindo as membranas mitocondriais, com a ajuda de proteínas transportadoras de lípidos. No entanto, as mitocôndrias também possuem um sistema denovo de síntese de fosfolípidos e alguns fosfolípidos mitocondriais são sintetizados nestes organelos de forma completamente autónoma.

O aumento do teor destes fosfolípidos em condições de auto-oxidação está, em nossa opinião, associado a um aumento da atividade hidrolítica da fosfolipase D. Sabe-se que a fosfolipase D das mitocôndrias do fígado hidrolisa tanto os fosfolípidos como os lisofosfolípidos [Peng X., Frohman M.A., 2012; Rakhimov M.M., Gorbataya O.N., Almatov K.T., 1989].

O aumento do teor de ácido fosfatídico e de ácido lisofosfatídico na presença de genisteína indica, em nossa opinião, um aumento da síntese destes fosfatídeos a partir do alfa-glicerofosfato e dos ácidos gordos. O ácido fosfatídico na membrana mitocondrial é sintetizado por várias vias, independentemente das enzimas do retículo endoplasmático. Em [**Connerth M et al., 2012**] mostraram que o ácido fosfatídico é sintetizado nas mitocôndrias a partir de alfa-glicerofosfato e ácidos gordos utilizando a enzima aciltransferase. Verificaram que, nas células, cerca de metade do pool de ácido fosfatídico é sintetizado nas mitocôndrias. O processo de síntese do ácido fosfatídico localiza-se predominantemente na membrana externa das mitocôndrias. Com a ajuda da enzima aciltransferase nas mitocôndrias, o ácido lisofosfatídico é sintetizado primeiro [**Li J. et al., 2018**] e depois o ácido fosfatídico. Os autores sugerem que o alfa-glicerofosfato e as aciltransferases constituem um sistema que regula o pool de ácidos gordos livres nas células e, em particular, nas mitocôndrias. Sabe-se que a acumulação de ácidos gordos livres nas mitocôndrias conduz a alterações significativas da estrutura e das funções destas partículas [Almatov K.T., 1993]. É possível que o sistema alfa-glicerofosfato-aciltransferase sirva para proteger as mitocôndrias das consequências indesejáveis da acumulação de ácidos gordos. Isto significa que o alfa-glicerofosfato serve como uma espécie de sistema fisiológico "tampão" para os ácidos gordos. As vias de síntese de ácido fosfatídico acima descritas são observadas em mitocôndrias de fígado intactas na fase de contração mitocondrial dependente de ATP. Assim, a genistina, em condições de isquémia, quase não tem efeito sobre a FA, PE e LFE, abranda o aumento do teor de LFE; diminui o aumento do teor de FS e aproxima-o dos parâmetros de controlo; aumenta o teor de cardiolipina e lisocardiolipina; abranda consideravelmente o aumento dos ácidos fosfatídico e lisofosfatídico.

Correção do metabolismo dos fosfolípidos da membrana mitocondrial pela daidzina após isquémia Os resultados relativos às alterações quantitativas dos lípidos durante a incubação das mitocôndrias com adição de daidzina em condições de isquémia são apresentados nos quadros 9 e 10.

9 - mesa

Alterações no metabolismo do PC, PE e respectivos lisossomas nas mitocôndrias durante a isquémia e sua correção pela dajina (M±m; n = 4-5)

Fosfo-lípidos	Tempo de incubação, min	Teor de fosfolípidos, µg/mg de proteína			
		Controlo	%	Dajin	%
FH	0	145,0±7,8	100	145,0±7,8	100
	20	139,9±6,7	96,5	144,7±9,9	99,8
	40	140,2±8,9	96,7	144,5±9,0	99,7
	60	134,1±6,5	92,5	142,4±8,8	98,9
	80	130,5±5,2*	90,0	141,8±7,6	97,8
LFH	0	6,90±0,53	100	6,90±0,53	100
	20	7,77±0,65	112,6	6,90±0,42	100
	40	7,94±0,89**	115,1	6,93±0,59	100,5
	60	8,36±0,97***	121,2	7,41±0,38	107,5
	80	8,92±0,68****	129,3	7,59±0,45	110,1

FE	0	113,6±5,2	100	113,6±5,2	100
	20	110,7±6,2	97,5	113,6±4,8	100
	40	108,5±8,8	95,5	115,8±7,6	102,0
	60	104,5±6,5	92,0	112,8±8,7	99,3
	80	91,2±4,3*	80,3	111,9±1,66	98,5
LFE	0	11,24±0,92	100	11,24±0,92	100
	20	9,98±0,76	88,8	11,18±0,87	99,5
	40	9,71±0,56	86,4	11,09±0,68	98,7
	60	9,73±0,45	86,6	10,84±0,75	96,5
	80	9,61±0,33	85,5	10,74±0,83	95,6

A incubação das mitocôndrias durante 20 e 40 minutos não altera o teor de fosfatidilcolina e, a partir de 60 e 80 minutos, diminui ligeiramente (7,5 e 10,0% do nível de controlo, respetivamente). De facto, após 40, 60 e 80 minutos de incubação, o conteúdo de LPC aumenta em 18,5; 21,7 e 29,4% do controlo, respetivamente. Na presença de daidzina, o teor de fosfatidilcolina não se altera durante 80 minutos. O teor de LPC também se mantém inalterado durante 40 minutos, aumentando depois ligeiramente (após 60 e 80 minutos, aumenta 7,9 e 10,0%). Nestas condições de incubação, o conteúdo de PE 20, 40 min não difere do controlo, com o aumento da duração da incubação, a diminuição de PE aumenta (após 60 e 80 min diminui em - 8,0 e 10,6%). Ao mesmo tempo, o conteúdo de LFE diminui em 11,2; 13,6; 12,2 e 14,5% durante 20, 40, 60 e 80 minutos de incubação. Na presença de daidzina, o conteúdo de PE e LFE não diferiu do normal. 2 1 Isto significa que, em condições de isquémia, a atividade hidrolítica da fosfolipase A e da lisofosfolipase A das mitocôndrias hepáticas em relação a estes fosfolípidos está aumentada. Em contrapartida, a dadsina inibe a atividade destas fosfolipases e das lisofosfolipases mitocondriais em relação a estes fosfolípidos.

O efeito da dadsina no conteúdo de FS, FI, cardiolipina, lisocardiolipina, ácido fosfatídico e ácido lisofosfatídico é apresentado na

Tabela 10. A incubação de mitocôndrias em condições de isquémia aumentou o conteúdo de FS (durante 20, 40, 60 e 80 minutos - em 8,2; 18,0; 34,2 28,1%, respetivamente, em relação ao controlo). Nestas condições de incubação, o teor de FI não se altera. Na presença de daidzina, a síntese de FS é abrandada e, em contrapartida, a síntese de FI é ligeiramente aumentada no final da incubação.

10 mesas

Alterações no metabolismo dos fosfolípidos nas mitocôndrias durante a isquémia e sua correção com dadsina (M±m; n = 4-5)

Fosfo-lípidos	Tempo de incubação, min	Teor de fosfolípidos, em % dos fosfolípidos totais			
		Controlo	%	Dajin	%
FS	0	11,25±0,85	100	11,25±0,85	100
	20	12,18±0,62	108,3	11,25±0,72	100
	40	13,27±0,45	118,0	11,53±0,65 %	102,5
	60	15,08±0,43*	134,1	11,74±0,88	104,4
	80	14,38±0,54***	127,8	12,18±0,6	108,3
FI	0	6,52±0,61	100	6,52±0,61	100
	20	6,49±0,56	99,5	6,55±0,77	100,5
	40	6,52±0,67	100	6,70±0,85	102,8
	60	6,58±0,45	100,9	7,07±0,56	108,5
	80	6,67±0,61	102,3	7,53±0,45	115,5
Cardio-lipina	0	68,7±5,5	100	68,7±5,5	100
	20	60,1±4,9	87,5	62,2±5,9	90,5
	40	53,9±4,5*	78,5	60,4±4,4	87,9
	60	50,8±3,9**	74,0	59,5±3,4	86,7
	80	47,06±4,5***	69,5	56,7±3,8	82,5
	0	3,97±0,48	100	3,97±0,48	100

Lisocardiolipina	20	3,61±0,45	91,0	3,97±0,57	100
	40	3,42±0,37*	86,2	3,94±0,62	99,2
	60	3,29±0,32*	82,9	3,84±0,68	96,7
	80	2,32±0,56***	58,5	3,74±0,64	94,3
Fosfatídeo ácido	0	4,88±0,75	100	4,88±0,75	100
	20	8,06±0,87****	165,3	6,35±0,86*	130,1
	40	8,61±1,22****	176,5	6,95±0,94**	142,4
	60	10,69±1,38****	219,0	7,33±1,20**	150,3
	80	13,85±1,95****	283,8	7,90±1,36***	162,0
Lisofosfatídico ácido	0	5,94±0,69	100	5,94±0,69	100
	20	8,96±0,98****	150,9	7,31±0,63*	123,1
	40	10,56±1,32****	177,8	8,05±0,96**	135,6
	60	12,98±1,87****	218,5	8,33±0,84**	140,3
	80	16,00±2,56****	269,4	8,80±0,98**	148,1

Em condições de isquémia, o teor de cardiolipina e de lisocardiolipina diminui progressivamente durante a incubação. Assim, após 20, 40, 60 e 80 minutos de incubação, se o teor de cardiolipina diminuir em 4,8; 15,1; 19,2 e 24,4% em relação ao controlo, respetivamente, na presença de dadesina durante 60 minutos não se altera, apenas após 80 minutos diminui ligeiramente (em 9,9%). Alterações quase semelhantes são características da lisocardiolipina (na ausência de dadesina diminui em 8,2; 13,4; 17,3 e 41,2% do controlo, respetivamente). Na presença de daidzina, o teor de lisocardiolipina não se altera nos 80 minutos seguintes. [21]A diminuição do teor de cardiolipina nas mitocôndrias hepáticas em condições de isquémia está, em nossa opinião, relacionada com o enfraquecimento da síntese ou com o aumento da atividade hidrolítica da fosfolipase A e da lisofosfolipase A em relação à cardiolipina e à lisocardiolipina.

Em condições de isquémia, o teor de ácido fosfatídico e de ácido lisofosfatídico nas mitocôndrias aumenta, ao passo que, na presença de daidzina, o aumento do teor destes fosfolípidos abranda. Assim, após 20, 40, 60 e 80 minutos de incubação, o teor de ácido fosfatídico aumentou 65,7; 76,6; 118,9 e 183,8%, e o de ácido lisofosfatídico 50,8; 77,7; 118,5 e 169,6% em relação ao controlo, respetivamente, enquanto que, na presença de daidzina, o ácido fosfatídico aumentou 30,2; 42,4; 50,2 e 62,3%, e o ácido lisofosfatídico 23,2; 35,6; 40,4 e 48,4%. Na presença de dadsina, o ligeiro aumento do teor de ácido fosfatídico e de ácido lisofosfatídico indica, em nossa opinião, um aumento da síntese destes fosfatídeos a partir do alfa-glicerofosfato e dos ácidos gordos. É possível que o sistema alfa-glicerofosfato aciltransferase sirva para proteger as mitocôndrias dos efeitos indesejáveis da acumulação de ácidos gordos. Isto significa que o alfa-glicerofosfato funciona como uma espécie de sistema fisiológico "tampão" para os ácidos gordos. As vias de síntese do ácido fosfatídico acima descritas são observadas em mitocôndrias de fígado intactas na fase de contração mitocondrial dependente de ATP. Assim, em condições de isquémia, quase não tem efeito sobre o conteúdo de FA, PE e LFE, mas retarda o aumento do conteúdo de LFE; ao diminuir o aumento do conteúdo de FS, aproxima-se dos valores de controlo, mas não afecta FI; ao aumentar a diminuição do conteúdo de cardiolipina e lisocardiolipina, aproxima-se dos valores de controlo. Retarda significativamente o aumento do teor de ácidos fosfatídico e lisofosfatídico.

3.5 Efeito da isquémia nos processos de peroxidação lipídica mitocondrial e sua correção com genistina e daidzina

O processo dos radicais livres é uma via bioquímica importante e multifacetada de transformações do oxigénio, lípidos, ácidos nucleicos, proteínas e outros compostos sob a ação dos radicais livres. O termo "oxidação radicalar livre" é frequentemente associado a processos patológicos, enquanto a oxidação e a produção de radicais livres são parte integrante do metabolismo dos organismos vivos. As espécies activas de oxigénio são geradas em vários sistemas biológicos durante a respiração aeróbica normal das mitocôndrias, que são as suas fontes endógenas predominantes. Em condições fisiológicas normais, o processo dos radicais livres, sob o controlo do sistema antioxidante, participa na realização de processos fisiológicos no organismo - modulação do tónus vascular, mecanismos de memória, reacções de inflamação, condução de excitação e capacidade de gerar potencial de ação, regulação do crescimento celular, secreção de neurotransmissores, reparação de fibras nervosas. Simultaneamente, a oxidação dos lípidos pelos radicais livres ocorre a um nível relativamente baixo e a sua intensidade depende em grande medida do sexo, da idade, bem como da estação do ano, da fase do ritmo circadiano e de uma série de outros factores. O papel fisiológico da oxidação por radicais livres é a destruição de células mortas, a eliminação de xenobióticos, a prevenção da transformação celular, a modelação de processos energéticos, o transporte de iões, a destruição de cromossomas danificados.

Em caso de produção excessiva de espécies reactivas de oxigénio devido à ação de factores exógenos ou endógenos, a oxidação por radicais livres, o processo pode assumir um carácter de cascata, o que leva a perturbações lipídicas e proteicas na estrutura das membranas celulares, à dissociação dos processos de fosforilação oxidativa e à respiração dos tecidos que lhe estão associados. Como resultado, desenvolve-se um desequilíbrio metabólico, uma das consequências do qual é a peroxidação lipídica.

A ativação de processos de radicais livres ocorre numa série de condições patológicas como a hipoxia, a inflamação, a aterosclerose, a hipertensão, a demência vascular, a diabetes, as doenças pulmonares obstrutivas crónicas, as doenças neurodegenerativas: doença de Alzheimer, parkinsonismo, cancro, neuroses. A genisteína tem uma relação estreita com o efeito anticancerígeno das isoflavonas da soja, apresentando uma atividade antiproliferativa e antioxidante [Warri A., Saarinen N.M., Makela S., Hilakivi L., Clarke W., 2008]. Ao mesmo tempo, a daidzeína mostrou uma atividade antioxidante mais pronunciada em comparação com a genisteína. Foi demonstrada a inibição da oxidação do LDL in vitro e também dos processos de modificação do LDL mediados por células (monócitos/macrófagos) [Hwang J., Wang J., Morazzoni P. et al., 2003]. Atualmente, estão a ser estudadas as possibilidades de utilização das isoflavonas de soja como alternativa à terapia de substituição hormonal [de Luis D.A., Aller R., Sagrado J., 2006]. Além disso, os fitoestrogénios da soja têm todas as propriedades dos bioflavonóides, apresentando um efeito antiagregante e antioxidante pronunciado [Jackman K.A., Woodman O.L., Sobey C.G., 2007; Rimbach G., Boesch W., Saadatmandi C., Frank J. et al., 2008].

A peroxidação lipídica nas membranas biológicas, incluindo as membranas mitocondriais, ocorre com a formação de aldeídos de várias estruturas químicas; são produtos da clivagem de ácidos gordos polinsaturados e peróxidos de esqualeno. O malondialdeído representa cerca de 40% do total de compostos carbonílicos. O malondialdeído é muito sensível às proteínas e aos grupos amino dos aminoácidos e forma ligações internas e intermoleculares [Pirozhkov S.V., Panchenko L.F., 1989 NEED FOR UPDATING]. Os resultados das alterações da peroxidação lipídica durante a incubação das mitocôndrias com genistina e dadsina em condições de isquémia são apresentados nos quadros 11 e 12.

A incubação de mitocôndrias a 20, 40, 60 e 80 minutos de auto-oxidação aumentou a formação de malondialdeído em 1,10; 1,25; 1,35 e 1,70 vezes em comparação com os valores pré-incubação.

(ACRESCENTAR NOVOS DADOS SOBRE O LPO)

Os dados obtidos mostram que a peroxidação lipídica é um processo fisiológico normal e que aumenta em condições de isquémia. Que alterações ocorrem após a adição de substâncias que aumentam a peroxidação lipídica nas mitocôndrias e subsequente incubação.

11 - tabela

Efeito da genistina na formação de malondialdeído em condições isquémicas (M±m; n = 5-6)

Tempo de incubação, min	Malondialdeído, nmol/mg de proteína			
	PISO			
	Controlo	%	Genisteína	%
0	0,063±0,011	100	0,063±0,011	100
20	0,149±0,061*** *	236,5	0,117±0,027****	185,7
40	0,194±0,081*** *	307,9	0,132±0,043****	209,5
60	0,265±0,114*** *	420,6	0,160±0,065****	253,9
80	0,291±0,166*** *	461,9	0,200±0,088****	317,4

$_4$A peroxidação lipídica foi medida com a adição de 20 µM FeS0 + 0,2µM. A acumulação de malondialdeído foi medida a uma densidade ótica de 532 nm. $_{24}{}^{0}$Meio de medição: KCl - 115 mM, NaH PO - 1 mM, Tris-HCl - 5 mM (pH 7,4), temperatura 36,7 C.

A incubação com a adição do ativador POL a 20, 40, 60 e 80 minutos aumentou a formação de malondialdeído em 2,37; 3,08; 4,21 e 4,62 vezes em comparação com o controlo, enquanto que com a genisteína aumentou apenas 1,86; 2,09; 2,53 e 3,17 vezes.

12 mesas

Efeito da daidzina na formação de malondialdeído em condições isquémicas (M±m; n = 5-6)

Tempo de incubação, min	Malondialdeído, nmol/mg de proteína			
	Controlo	%	Dajin	%
0	0,070±0,016	100	0,070±0,016	100
20	0,156±0,055****	222,8	0,125±0,035****	178,6
40	0,208±0,076****	297,1	0,149±0,052****	212,8
60	0,273±0,97****	390,0	0,171±0,072****	244,3
80	0,334±0,146****	477,1	0,202±0,088****	288,6

Quando as mitocôndrias foram incubadas aos 20, 40, 60 e 80 minutos da experiência, a formação de malondialdeído foi aumentada em 2,23; 2,97; 3,89 e 4,77 vezes, enquanto que com a dadsina apenas em 1,78; 2,13; 2,44 e 2,88.

Assim, a genistina e a dadsina reduzem a POL mitocondrial e os nossos dados são consistentes com os resultados de outros investigadores [Arnold S.F., Vorojeikina D.P., Notides A.C., 1995; Patel R.P., Boersma B., Crawford J.H. et all., 2001; Hwang J., Wang J., Morazzoni P. et al., 2003; Chueh et al., 2004 NEED FOR UPDATING].

3.6 Efeito da isquémia no metabolismo dos fosfolípidos no contexto dos processos de peroxidação lipídica mitocondrial e sua regulação pelos isoflavonóides

Os resultados da autoxidação durante a isquémia (sem adição do ativador da POL mitocondrial) e as alterações dos fosfolípidos mitocondriais durante a POL são apresentados nos quadros 13 e 14.

Sob auto-oxidação durante 40 min, o conteúdo de FA mitocondrial não se altera, em 60 min o conteúdo deste fosfolípido diminui em 8,2%, em 80 min em 10,3%. Em condições de POL durante 80 min, o teor de PhC não sofre alterações. Sob auto-oxidação, o conteúdo de LPC começa a aumentar e acelera respetivamente na incubação (aos 20, 40, 60 e 80 min em 4,3; 14,9; 26,0 e 31,0%, respetivamente). Durante a POL, o conteúdo de LPC aumenta drasticamente (aos 20, 40, 60 e 80 minutos em 24,2; 73,9; 112,4 e 153,4%, respetivamente). Na nossa opinião, durante a auto-oxidação, a síntese de FA abranda no final da incubação ou pode ser uma consequência do aumento do efeito hidrolítico da PLA2 sobre este fosfolípido. O aumento gradual do teor de LPC durante a incubação mostra a correção da nossa hipótese. Em condições de POL, durante 80 min, o teor de FA não se altera, mas o de LFX aumenta acentuadamente. A razão para este facto pode ser, em primeiro lugar, um aumento da síntese de PC e, em segundo lugar, um aumento acentuado de LPC.

13 - tabela

Alterações do metabolismo da fosfatidilcolina, da fosfatidiletanolamina e das suas lisofórmulas mitocondriais em condições de auto e peroxidação lipídica durante a isquémia (M ± m; n = 6-8)

Fosfolípidos	Tempo de incubaçã o min	Teor de fosfolípidos, µg/mg de proteína			
		Auto-oxidação	%	PISO	%
FH	0	139,5±6,2	100	139,5±6,2	100

	20	136,6±5,4	97,9	140,6±6,5	100,8
	40	137,0±6,8	98,2	102,6±7,5	102,6
	60	128,0±6,5	91,8	138,6±7,5	99,4
	80	125,1±5,8*	89,7	138,2±7,6	99,1
LFH	0	8,05±0,44	100	8,05±0,44	100
	20	8,4±0,52	104,3	10,0±0,48***	124,2
	40	9,2±0,56**	114,9	14,0±0,54****	173,9
	60	10,1±0,98***	126,0	17,1±0,75****	212,4
	80	10,5±0,74****	131,0	10,4±0,80****	253,4
FE	0	107,0±3,0	100	107,0±3,0	100
	20	105,7±4,3	98,8	72,7±5,5****	68,0
	40	103,7±4,6	96,9	63,3±8,7****	59,2
	60	101,9±3,7	94,4	55,1±9,6****	51,5
	80	96,3±3,8*	90,0	44,8±11,9****	41,9
LFE	0	9,4±0,6	100	9,4±0,6	100
	20	8,5±0,6	90,9	8,3±0,5	88,1
	40	8,4±0,5	89,2	7,6±0,6*	81,4
	60	8,3±0,4	88,2	5,9±0,6****	62,7
	80	8,2±0,4	87,4	5,3±0,7****	56,4

atividade da PLA2. $_{1}$O aumento dramático do teor de LPC pode dever-se a uma diminuição da atividade hidrolítica da lisofosfolipase A em relação a este fosfolípido.

Na auto-oxidação, o teor de PE diminui ligeiramente aos 80 minutos, enquanto o teor de LPC diminui acentuadamente no início da incubação e, posteriormente, o nível de diminuição é quase inalterado. Na POL, o teor de LSPE, especialmente de PE, diminui acentuadamente. Se aos 20, 40, 60 e 80 minutos o conteúdo de PE diminui em 32,0; 40,8; 48,5 e 58,1%, e o LPE apenas em 11,9; 18,6; 37,3 e 43,6%. Assim, quase não existe atividade hidrolítica da fosfolipase e da lisofosfolipase em relação a estes fosfolípidos durante a autoxidação. A diminuição do teor destes fosfolípidos sob POL sugere que o PE e o LPE são os mais sensíveis à influência da POL.

Durante a auto-oxidação mitocondrial, o conteúdo de FA aumenta, e durante a POL este processo é acentuadamente intensificado. Se na autoxidação mitocondrial aos 0, 40, 60 e 80 minutos o conteúdo de PC em comparação com o controlo aumenta em 6,8; 15,8; 18,0 e 27,4%, na POL aumenta em 24,7; 41,6; 55,1 e 141,7%. Isto significa que, em condições de isquémia, a síntese de FS nas mitocôndrias é aumentada e, com POL, este processo é acelerado para além da medida. Na nossa opinião, em condições de isquémia e sob POL, a síntese de FS a partir de FA ou PE é acentuadamente aumentada. Sabe-se que os PSs são formados durante as reacções de transferase [**Dey P, Su W.M., Han G.S., Carman G.M., 2017**]. A PS descarboxilase na célula está associada à membrana interna da mitocôndria [Suda T., Matsuda M., 1974], pelo que a enzima que realiza a transalquilação de fosfolípidos pode também estar localizada na mitocôndria, embora não haja provas directas deste facto.

14 mesas

Alterações do metabolismo dos fosfolípidos mitocondriais em condições de auto e peroxidação lipídica durante a isquémia (M ± m; n = 6-8)

Fosfolípidos	Tempo de incubação	Teor de fosfolípidos, µg/mg de proteína			
		Auto-oxidação	%	PISO	%
PS	0	9,9±0,6	100	9,9±0,6	100
	20	10,6±0,7	106,8	12,3±0,8**	124,7
	40	11,4±0,9	115,8	14,0±0,7****	141,6
	60	11,7±0,8*	118,0	15,3±0,9****	155,1
	80	12,6±1,0***	127,5	23,9±1,4****	241,7

PI	0	8,0±0,3	100	8,0±0,3	100
	20	7,9±0,7	98,5	8,2±0,8	102,8
	40	8,1±0,8	101,8	8,7±0,9	109,5
	60	8,3±0,7	104,2	9,1±0,6	114,3
	80	8,4±0,8	105,7	9,5±0,8	119,0
Cardiolipina	0	73,3±7,8	100	73,3±7,8	100
	20	70,9±6,7	96,7	72,5±8,7	99,0
	40	63,5±5,4*	86,7	68,8±7,5	93,9
	60	59,9±5,9**	81,7	67,6±5,8	92,3
	80	56,3±4,8***	76,8	65,1±6,0*	88,9
Lisocardio-lipina	0	4,6±0,3	100	4,6±0,3	100
	20	4,3±0,5	93,2	4,7±0,4	102,4
	40	3,9±0,6*	85,7	5,5±0,5*	119,9
	60	3,9±0,8*	84,2	5,4±0,8**	117,9
	80	2,6±0,9***	56,4	5,4±0,7**	117,7
Fosfatídico Ácido	0	5,3±0,4	100	5,3±0,4	100
	20	8,8±0,4****	167,1	11,8±0,5****	222,8
	40	9,1±0,6****	171,8	14,8±0,9****	280,0
	60	12,3±0,9****	220,7	19,0±1,5****	358,6
	80	15,8±1,6****	299,2	21,3±3,7****	402,8
Ácido lisofosfatídi co	0	6,3±0,5	100	6,3±0,5	100
	20	9,8±0,8****	155,4	14,8±1,4****	235,8
	40	12,4±0,9****	196,9	19,1±1,7****	303,2
	60	14,4±1,1****	229,6	21,4±2,4****	340,0
	80	18,1±1,7****	287,1	24,4±3,9****	387,6

Durante a autoxidação, o teor de PI mitocondrial não sofre qualquer alteração durante a isquémia e não se altera no início da POL. No entanto, aos 60 e 80 minutos aumenta em 14,3 e 19,0%. Assim, em condições de POL, a continuação prolongada da isquémia aumenta ligeiramente a síntese de PI.

No conteúdo mitocondrial sob isquémia em autoxidação e POL, o conteúdo de cardiolipina não sofre alterações, apenas aos 60 e 80 min diminui ligeiramente. Na autoxidação, o conteúdo de lisocardiolipina nas mitocôndrias diminui (aos 20, 40, 60 e 80 minutos em 6,8; 14,3; 15,8 e 23,2%), e na POL aos 20 minutos não se altera, depois aumenta ligeiramente (18-20%). Assim, em condições isquémicas, sob auto- ou POL, não há alterações na síntese de cardiolipina mitocondrial. ¡A diminuição do teor de lisocardiolipina em condições de auto-oxidação significa um aumento da atividade hidrolítica da lisofosfolipase A em relação à cardiolipina, e em condições de POL significa uma diminuição da atividade desta enzima. Na isquémia, em condições de auto-oxidação, o teor de ácidos fosfatídico e lisofosfatídico nas mitocôndrias aumenta, e sob POL o aumento do teor deste fosfolípido foi ainda mais acelerado. Enquanto na autoxidação o conteúdo de ácido fosfatídico aos 20, 40, 60 e 80 minutos aumentou 67,1; 71,8, 120,7 e 199,2%, na POL aumentou 122,8; 180,0; 258,6 e 302,8%. Quase as mesmas alterações são observadas com o ácido lisofosfato. Assim, na autoxidação, a atividade hidrolítica da fosfolipase D mitocondrial é aumentada e, na POL, a capacidade hidrolítica desta enzima é dramaticamente aumentada. Por conseguinte, o aumento das áreas "não-camada" da membrana mitocondrial é ainda mais acelerado. Na nossa opinião, a principal razão para a relativa inalteração do conteúdo de PC, PE e PI é o aumento da atividade hidrolítica da fosfolipase D em relação a estes fosfolípidos. Assim, nestas condições, o conteúdo destes fosfolípidos aumenta, mas devido à hidrólise pela fosfolipase D permanece inalterado.

Assim, em condições isquémicas, não se observam alterações no teor de PC com POL em comparação com a auto-oxidação, mas o teor de LPC aumenta acentuadamente. Se na auto-oxidação o teor de PE e LPC diminui ligeiramente, na POL a sua diminuição aumenta acentuadamente. Enquanto que o teor de PS aumenta acentuadamente na auto-oxidação, observa-se um aumento acentuado na POL. Na auto-oxidação, o teor de PI mantém-se quase inalterado, enquanto na POL se regista um aumento acentuado. Enquanto o teor de cardiolipina diminui na auto-oxidação, a sua diminuição é mais lenta na POL. Na auto-oxidação, o teor de lisocardiolipina diminui acentuadamente, enquanto a POL, pelo contrário, aumenta ligeiramente. O teor de ácidos fosfatídico e lisofosfatídico aumenta na autoxidação, mas este processo é acentuado na POL.

A) Efeito da genistina. O efeito dos processos de peroxidação lipídica no metabolismo da fosfatidilcolina, da fosfatidiletanolamina e dos seus lisocompostos na presença de genistina é apresentado no quadro 15.

15 - mesa

Alterações no metabolismo de PC, PE e lisofosfolípidos mitocondriais na isquémia durante o processo de POL e a sua correção com genistina

(M±m; n = 5-6)

Fosfo-lípidos	Tempo de incubação	Teor de fosfolípidos, µg/mg de proteína			
		PISO			
		Controlo	%	Genisteína	%
PC	0	139,5±6,2	100	139,5±6,2	100
	20	140,6±6,5	100,8	137,8±7,0	98,8
	40	102,6±7,5	102,6	138,4±7,8	99,2
	60	138,6±7,5	99,4	136,0±7,7	97,5
	80	138,2±7,6	99,1	133,8±7,8	95,9
LPC	0	8,05±0,44	100	8,05±0,44	100
	20	10,0±0,48** *	124,2	8,9±0,56	110,8
	40	14,0±0,54** **	173,9	10,2±0,79** *	126,9
	60	17,1±0,75** **	212,4	11,7±0,84** *	145,6
	80	10,4±0,80** **	253,4	13,3±0,62** *	165,8
PE	0	107,0±3,0	100	107,0±3,0	100
	20	72,7±5,5****	68,0	90,7±4,8*	84,8
	40	63,3±8,7****	59,2	85,6±5,7**	80,0
	60	55,1±9,6****	51,5	81,8±7,6**	76,5
	80	44,8±11,9** **	41,9	78,0±9,7***	72,9

LPE	0	9,4±0,6	100	9,4±0,6	100
	20	8,3±0,5	88,1	8,4±0,7	90,0
	40	7,6±0,6*	81,4	8,1±0,8*	86,6
	60	5,9±0,6****	62,7	7,3±0,8**	78,4
	80	5,3±0,7****	56,4	6,9±0,9***	73,8

A adição de activadores da peroxidação lipídica ao conteúdo de PC da suspensão mitocondrial durante 80 min de incubação não se altera. No entanto, o conteúdo de LPC aumenta e depende da duração da incubação, aumentando acentuadamente (20, 40, 60 e 80 minutos em 24,2; 73,9; 112,4 e 153,4%, respetivamente). A genistina não tem qualquer efeito sobre o teor de PC, mas depois diminui (20, 40, 60 e 80 min - em 10,8; 27,0; 31,5 e 34,6%, respetivamente) a formação de LPC. [2] Isto significa que, em condições de peroxidação lipídica, o teor de PC não é alterado e, simultaneamente, a atividade hidrolítica da fosfolipase A em relação ao PC é aumentada. [2]A genistina também não afecta a formação de PC, mas inibe acentuadamente a atividade hidrolítica da fosfolipase A em relação ao PC.

Em condições de peroxidação lipídica, o teor de PE e de LPE diminui significativamente e depende da duração da incubação mitocondrial. É de notar que a diminuição é particularmente acentuada no PE. Assim, enquanto que após 20, 40, 60 e 80 minutos o teor de PE diminui em 31,9; 40,8; 48,5 e 58,1% do controlo, respetivamente, o teor de LPE diminui em 11,9; 18,6; 37,3 e 43,7%.

Nestas condições experimentais, a genistina abranda a redução do conteúdo de PE e LPE. Isto significa que, no processo de peroxidação lipídica, o teor de fosfolípidos contendo aminas das mitocôndrias diminui acentuadamente, e a genistina inibe acentuadamente a diminuição do teor destes fosfolípidos. [21]Isto significa que a genistina inibe de forma sincronizada os processos de peroxidação lipídica e a atividade da fosfolipase A e da lisofosfolipase A das membranas mitocondriais.

No processo de peroxidação lipídica, o conteúdo de PS nas mitocôndrias aumenta (Tabela 16). Assim, se após 20, 40, 60 e 80 minutos de incubação o conteúdo de fosfatidilserina aumentar em 24,7; 41,6; 55,0 e 141,7% do controlo, respetivamente, na presença de genistina apenas - em 12,5; 23,8; 32,4 e 75,2%. Assim, em condições de peroxidação lipídica, o conteúdo de PS das mitocôndrias aumenta, enquanto a genistina retarda a formação de PS.

Em condições de peroxidação lipídica, o teor de PI não se altera no início da incubação, mas aumenta a partir dos 40 minutos

16 - tabela

Alterações no metabolismo dos fosfolípidos mitocondriais durante a POL e sua correção pela genistina sob isquémia (M±m; n = 4-5)

Fosfolípidos	Tempo de incubação, min	Teor de fosfolípidos, µg/mg de proteína			
		PISO			
		Controlo	%	Genisteína	%
PS	0	9,9±0,6	100	9,9±0,6	100
	20	12,3±0,8**	124,7	11,1±0,7	112,5
	40	14,0±0,7****	141,6	12,2±0,9**	123,8
	60	15,3±0,9****	155,1	13,1±0,8***	132,4
	80	23,9±1,4****	241,7	17,3±1,2****	175,3
PI	0	8,0±0,3	100	8,0±0,3	100
	20	8,2±0,8	102,8	8,0±0,4	100,3
	40	8,7±0,9	109,5	8,3±0,8	104,6
	60	9,1±0,6	114,3	8,6±0,7	107,3
	80	9,5±0,8	119,0	8,8±0,6	109,9
Cardiolipina	0	73,3±7,8	100	73,3±7,8	100
	20	72,5±8,7	99,0	71,7±7,2	97,8
	40	68,8±7,5	93,9	65,7±6,9	89,6
	60	67,6±5,8	92,3	64,2±5,1	87,6
	80	65,1±6,0*	88,9	62,0±5,8*	84,3
Lisocardio-lipina	0	4,6±0,3	100	4,6±0,3	100
	20	4,7±0,4	102,4	4,4±0,6	96,8

	40	5,5±0,5*	119,9	4,6±0,4	99,9
	60	5,4±0,8**	117,9	4,5±0,3	97,6
	80	5,4±0,7**	117,7	4,4±0,6	94,8
Ácido fosfatídico	0	5,3±0,4	100	5,3±0,4	100
	20	11,8±0,5****	222,8	9,3±0,9****	176,4
	40	14,8±0,9****	280,0	10,3±0,7****	194,7
	60	19,0±1,5****	358,6	12,4±1,2****	234,8
	80	21,3±3,7****	402,8	17,6±2,4****	332,0
Ácido lisofosfatídico	0	6,3±0,5	100	6,3±0,5	100
	20	14,8±1,4****	235,8	10,9±0,9****	172,5
	40	19,1±1,7****	303,2	14,8±1,3****	235,7
	60	21,4±2,4****	340,0	16,8±2,1****	267,4
	80	24,4±3,9****	387,6	19,5±2,5****	309,4

(após 40, 60 e 80 minutos aumenta em 9,5; 14,3 e 19,0%, respetivamente). A genistina, em condições de peroxidação lipídica, inibe de forma insignificante a formação de PI. Assim, em condições de peroxidação lipídica, o conteúdo de PI nas mitocôndrias aumenta, enquanto a genistina inibe a formação de PI.

Em condições de peroxidação lipídica, o teor de cardiolipinas e de lisocardiolipinas não se altera após 20 minutos de incubação mitocondrial, diminuindo depois o teor de cardiolipinas de forma insignificante, enquanto o teor de lisocardiolipinas, pelo contrário, aumenta. $_{1}$Isto significa que, em condições de peroxidação lipídica, a atividade hidrolítica da lisofosfolipase A das mitocôndrias em relação à cardiolipina aumenta. Nestas condições experimentais, a genistina não afecta o teor de cardiolipina, mas atrasa a formação de lisocardiolipina. $_{21}$Em nossa opinião, em condições de peroxidação lipídica, a atividade hidrolítica das fosfolipases A em relação às cardiolipinas aumenta de forma insignificante, ao passo que a atividade das lisofosfolipases A em relação às lisocardiolipinas aumenta de forma acentuada. $_{1}$A genistina não afecta a síntese de cardiolipina, mas aumenta em certa medida a atividade da lisofosfolipase A contra a lisocardiolipina.

Em condições de peroxidação lipídica, o conteúdo de ácido fosfatídico e lisofosfatídico nas mitocôndrias aumenta e depende da duração da incubação (Tabela 9). Assim, após 20, 40, 60 e 80 minutos de incubação, o teor de ácido fosfatídico aumentou 122,8; 180,0; 258,6 e 302,8% em relação ao controlo, respetivamente, e o de ácido lisofosfatídico 135,7; 203,2; 236,0 e 287,6%. A genistina, em condições de peroxidação lipídica, retarda a formação de ácido fosfatídico (após 20, 40, 60 e 80 min aumentou 76,5; 94,7; 134,8 e 232,0% do controlo, respetivamente) e de ácido lisofosfatídico (72,5; 135,7; 167,3 e 209,5%) das mitocôndrias.

Assim, em condições de peroxidação lipídica, o conteúdo de fosfatidiletanolamina, lisofosfatidiletanolamina e cardiolipina diminui acentuadamente e a lisocardiolipina aumenta de forma insignificante. Estas alterações ocorrem num contexto de um aumento acentuado da fosfatidilserina, da lisofosfatidilcolina, do ácido fosfatídico e do ácido lisofosfatídico. A genistina alivia, em certa medida, a alteração dos fosfolípidos acima mencionados, ou seja, abranda o efeito negativo da peroxidação lipídica em relação às mitocôndrias. Assim, a genistina na isquémia reduz a POL. Não afecta o conteúdo de PC, reduz o aumento do conteúdo de PS, LPC, ácidos fosfatídico e lisofosfatídico e aproxima-se dos valores de controlo. O teor de PE e LPE aproxima-se dos valores de controlo. A genistina não afecta a cardiolipina, mas iguala o aumento da quantidade de lisocardiolipina aos valores de controlo.

Б). Efeito da daidzina. O efeito dos processos de peroxidação lipídica no metabolismo de ácidos gordos livres, fosfatidilcolina, fosfatidiletanolamina e seus lisocompostos na presença de daidzina é dado na Tabela 17.

Em condições de peroxidação lipídica, o teor de PC não se altera. Nestas condições experimentais, a daidzina também não altera o teor deste fosfolípido. A peroxidação lipídica aumenta significativamente o teor de lisofosfatidilcolina, a daidzina atrasa a formação de LPC. Assim, se após 20, 40, 60 e 80 minutos na ausência de daidzina o conteúdo de LPC em comparação com o controlo aumenta respetivamente em 33,2; 85,5; 124,8 e 161,2%, na presença de daidzina aumenta apenas em - 13,8; 55,6; 85,4 98,9%. $_{2}$Assim, em condições de peroxidação lipídica, a atividade hidrolítica da fosfolipase A das membranas mitocondriais aumenta acentuadamente e a daidzina, pelo contrário, inibe em certa medida a atividade da enzima.

17 - tabela

Alterações no metabolismo do PC, PE e lisofosfolípidos durante o processo POL sob isquémia e sua correção pela dajina (M±m; n = 5-6)

Fosfolípidos	Tempo de incubação, min	Teor de fosfolípidos, µg/mg de proteína			
		PISO			
		Controlo	%	Daijin	%
PC	0	145,0±7,8	100	145,0±7,8	100
	20	143,1±8,9	98,7	145,7±8,4	100,5
	40	145,0±9,4	100,0	146,1±8,9	100,8
	60	146,1±8,9	100,9	147,3±9,3	101,6
	80	147,6±9,5	101,8	145,6±7,6	100,4
LPC	0	6,90±0,53	100	6,90±0,53	100
	20	$9{,}20\pm0{,}51^{***}$	133,3	$7{,}85\pm0{,}48^{*}$	113,8
	40	$12{,}80\pm0{,}68^{****}$	185,5	$10{,}73\pm0{,}75^{**}$	155,6
	60	$15{,}51\pm0{,}98^{****}$	224,8	$12{,}79\pm0{,}88^{****}$	185,4
	80	$18{,}05\pm1{,}33^{****}$	261,6	$13{,}72\pm1{,}05^{****}$	198,9
PE	0	113,6±5,2	100	113,6±5,2	100
	20	$82{,}0\pm7{,}0^{****}$	72,2	$100{,}9\pm5{,}5^{****}$	88,8
	40	$70{,}2\pm6{,}4^{****}$	61,8	$88{,}2\pm5{,}3^{****}$	77,7

	60	60,9±6,0****	53,6	78,9±4,8****	69,5
	80	34,9±5,7****	30,7	69,5±4,5****	61,2
LPE	0	11,24±0,92	100	11,24±0,92	100
	20	10,16±0,76	90,4	11,20±0,85	99,7
	40	8,74±0,66*	77,8	10,54±0,74	93,8
	60	6,69±0,48****	59,5	9,03±0,46**	80,4
	80	5,96±0,35****	53,0	8,32±0,36***	74,0

Em condições de peroxidação lipídica, o conteúdo de PE e LPE diminui, enquanto a daidzina abranda, em certa medida, a redução dos fosfolípidos. Assim, enquanto após 20, 40, 60 e 80 minutos na ausência de daidzina o teor de PE diminui em 27,8; 48,2; 53,6 e 69,3% do controlo, respetivamente, com a daidzina diminui em - 11,2; 22,3; 30,5 e 48,8%. Na ausência de daidzina, o conteúdo de LPE diminuiu em - 9,6; 22,2; 40,5 e 47,0%, com daidzina em - 3,2; 9,4; 21,1 e 29,3%. Isto significa que, no processo de peroxidação lipídica, o conteúdo de fosfolípidos contendo aminas das mitocôndrias diminui acentuadamente e a daidzina inibe, em certa medida, a diminuição do conteúdo destes fosfolípidos.

No processo de peroxidação lipídica, o teor de PS nas mitocôndrias aumenta (quadro 18). A daidzina abranda a formação de PS até certo ponto. Assim, enquanto após 20, 40, 60 e 80 minutos de incubação, na ausência de daidzina, o conteúdo de PS aumentou 19,9; 38,7; 49,5; e 137,0% do controlo, respetivamente, na presença de daidzina aumentou 10,5; 19,4; 27,7; e 74,6%. Assim, em condições de peroxidação lipídica, o conteúdo de PS mitocondrial aumenta e a daidzina retarda a formação de PS.

Em condições de peroxidação lipídica, o teor de PI não se altera no início da incubação, mas aumenta a partir dos 40 minutos (após 60 e 80 minutos aumenta em 11,4 e 15,9%, respetivamente). A daidzina acelera, em certa medida, a formação (20, 40, 60 e 80 min aumenta em 8,4; 18,6;

26,7 e 31,5%, respetivamente) de PI. Assim, em condições de peroxidação lipídica, o teor de PI das mitocôndrias não é significativamente alterado no final da incubação; a daidzina acelera a síntese de PI. Em condições de peroxidação lipídica, o teor de cardiolipina mitocondrial diminui ligeiramente apenas no final da incubação; a daidzina não altera o teor deste fosfolípido. Em condições de peroxidação lipídica, o teor de lisocardiolipinas (20, 40, 60 e 80 min, em 9,5; 13,2; 19,7 e 23,4%) aumenta, na presença de

18 - mesa

Alterações no metabolismo dos fosfolípidos mitocondriais durante a POL e sua correção pela dadsina (M±m; n = 5-6)

Fosfolípidos	Tempo de incubação, min	Teor de fosfolípidos, µg/mg de proteína			
		PISO			
		Controlo	%	Daijin	%
PS	0	11,25±0,85	100	11,25±0,85	100
	20	14,03±0,97**	119,9	12,92±0,94	110,5
	40	15,93±0,65** **	138,7	13,55±0,86**	119,4
	60	17,45±0,84** **	149,5	15,62±0,97** *	127,7
	80	27,19±1,39** **	237,0	18,83±1,08** **	174,6
PI	0	6,52±0,61	100	6,52±0,61	100
	20	6,70±0,76	100,2	7,07±0,65	108,4
	40	7,14±0,83	105,8	7,73±0,71*	118,6
	60	7,45±0,94	111,4	8,25±0,76***	126,7
	80	7,76±0,8	115,9	8,57±0,65***	131,5
Cardiolipina	0	68,7±5,5	100	68,7±5,5	100
	20	68,0±8,9	99,0	69,2±8,1	100,0
	40	64,4±6,2	93,9	68,6±6,5	101,2
	60	63,4±8,7	92,3	66,4±6,9	99,9
	80	61,1±5,2*	88,9	65,1±7,7	98,7
Lisocardio-lipina	0	3,97±0,48	100	3,97±0,48	100
	20	4,06±0,65	109,5	4,14±0,49	100,6
	40	4,76±0,49*	113,2	4,22±0,56	103,7
	60	4,68±0,67**	119,7	4,20±0,50	100,5

	80	4,67±0,44**	123,4	4,30±0,48	104,7
Ácido fosfatídico	0	4,88±0,75	100	4,88±0,75	100
	20	10,87±1,23** **	218,5	8,24±1,14*** *	155,5
	40	13,66±1,67** **	276,7	9,06±1,29*** *	167,9
	60	17,50±1,98** **	337,9	10,80±1,63** **	238,8
	80	19,65±2,49** **	382,5	12,44±1,98** **	284,6
Ácido lisofosfatídic o	0	5,94±0,69	100	5,94±0,69	100
	20	14,00±1,56** **	244,5	10,50±1,38** *	188,0
	40	18,01±1,89** **	319,8	11,72±1,75** **	211,8
	60	20,19±2,94** **	375,4	14,63±1,96** **	259,5
	80	23,02±3,24** **	358,2	16,43±2,55** **	289,3

daidzind o teor deste fosfolípido em 80 minutos não se altera. $_2$Assim, a atividade hidrolítica da fosfolipase A contra a cardiolipina na peroxidação lipídica aumenta. $_2$A daidzina inibe a atividade da fosfolipase A contra a cardiolipina.

Em condições de peroxidação lipídica, o teor de ácido fosfatídico e de ácido lisofosfatídico nas mitocôndrias aumenta. Assim, após 20, 40, 60 e 80 minutos de incubação, o teor de ácido fosfatídico na ausência de daidzina aumentou 118,5; 176,7; 237,9 e 282,5% do controlo, respetivamente, e com daidzina 55,5; 67,9; 138,8 e 184,6%. Na ausência de daidzina, o teor de ácido lisofosfatídico aumentou em 144,5; 219,8; 275,4 e 258,2%, com daidzina em 88,0; 111,8; 159,5 e 189,3%. Isto significa que os activadores da peroxidação lipídica aumentam a atividade da fosfolipase D contra os fosfolípidos mitocondriais e os lisofosfolípidos e que a daidzina inibe, em certa medida, a atividade da enzima.

Assim, a dadsina na isquémia reduz o processo de POL nas mitocôndrias. Não afecta o conteúdo de PC, diminui o conteúdo aumentado de PS, LPC, ácidos fosfatídico e lisofosfatídico; aproxima a diminuição do conteúdo de PE e LPE do controlo; quase não afecta o conteúdo de cardiolipina.

CONCLUSÃO

Analisando os resultados obtidos, podemos concluir que a genistina não afecta a taxa de oxidação do succinato, em baixas concentrações também não afecta a oxidação do glutamato, mas com um aumento da sua concentração a oxidação do glutamato diminui ligeiramente [Almatov K.T., Niyazmetov B.A., Khushbaktova Z.A., Syrov V.V., 2013]. Ao mesmo tempo, a genistina aumenta de forma dependente da dose o coeficiente ADP/O das mitocôndrias e é especialmente notável durante a oxidação do succinato. $^{+}$Na presença de genistina, o aumento da relação ADP/O com succinato nas mitocôndrias hepáticas deve-se, em nossa opinião, ao fenómeno de "transferência inversa de electrões" (por redução de NAD) [**Robb E.L., Hall A.R., Prime T.A., et al., 2018**]. A vantagem significativa do succinato na manutenção de níveis elevados de NAD.H dependentes de energia, em comparação com os substratos dependentes de NAD, é o principal fator que determina o papel especial do succinato no fornecimento de energia. $_{M}^{+}$A sua vantagem a este respeito é óbvia se tivermos em conta as diferenças de 10-100 vezes nos valores de K de redução de NAD para o succinato e os substratos dependentes de NAD. Este facto explica a existência de um amplo fundo de nucleótidos de piridina, dependente do succinato e inacessível em condições normais aos substratos dependentes da NAD. Este fundo constitui um bom exemplo de compartimentação dinâmica da mitocôndria, quando a execução de certas vias metabólicas é determinada não por parâmetros morfológicos (estruturais) mas por parâmetros cinéticos. Os níveis elevados e máximos de compostos ricos em energia, NAD.H e reacções transhidrogenase e biossintéticas relacionadas não podem ser alcançados com taxas baixas de produção de energia de substratos dependentes de NAD e são realizados apenas à custa de taxas elevadas correspondentes associadas à oxidação do succinato [Kondrashova M.N., 1972]. Na nossa opinião, o aumento do teor de ATP nas mitocôndrias leva ao fecho do poro sensível à ciclosporina A. Em [Crompton M., 1999] foi demonstrado que quando o ATP (em menor grau o ADP e o AMP) se liga, o canal fecha-se rapidamente.

A daidzina não tem qualquer efeito na função respiratória mitocondrial e nos valores de controlo respiratório de Chance, mas aumenta de forma dependente da dose a relação ADP/O. Este processo é particularmente proeminente na oxidação do succinato. $^{+}$Na presença da dadsina, o aumento da relação ADP/O com o succinato nas mitocôndrias hepáticas deve-se, em nossa opinião, ao fenómeno de "transferência inversa de electrões" (por redução do NAD) [**Robb E.L., Hall A.R., Prime T.A., et al., 2018**]. A vantagem significativa do succinato na manutenção de um nível elevado de NAD.H dependente de energia, em comparação com os substratos dependentes de NAD, é o principal fator que determina o papel especial do succinato no fornecimento de energia. O mecanismo de ação bioenergético da dadsina consiste em fornecer succinato à cadeia respiratória, que é utilizado como substrato energético, o que determina as propriedades energéticas do composto no seu conjunto.

$_{M}{}^{+}$A sua vantagem neste domínio é evidente se tivermos em conta as diferenças de 10 a 100 vezes entre os valores K de redução do NAD para o succinato e os substratos dependentes do NAD. Este facto explica a existência de um amplo fundo de nucleótidos de piridina dependente do succinato e inacessível, em condições normais, aos substratos dependentes do NAD. Este fundo constitui um bom exemplo de compartimentação dinâmica das mitocôndrias, quando a implementação de certas vias metabólicas é determinada não por parâmetros morfológicos (estruturais) mas por parâmetros cinéticos.

+Sabe-se que a translocase de nucleótidos de adenina, trabalhando em sincronia com a H-ATP sintase e o sistema enzimático oxidativo [**Baines CP, Gutiérrez-Aguilar M., 2018**], está sob o controlo do pool intramitocondrial de nucleótidos de adenina e depende linearmente do tamanho deste pool [**Kunji E.R., et al., 2016**].

O aumento da função de síntese de ATP, o restabelecimento da transferência de electrões em condições de isquemia, a ação de enzimas líticas endógenas e exógenas das mitocôndrias pela genistina e pela dajina são, na nossa opinião, uma das principais razões da influência positiva do restabelecimento das funções animais em profissões neopatológicas. Sabe-se que a genistina provoca um aumento acentuado da formação de tecido ósseo; contribui para um aumento quantitativo e qualitativo do metabolismo ósseo nos tecidos do fémur de ratos velhos [Yamaguchi M., Gao Y.H., 1998].inibe o fator de necrose tumoral através da regulação positiva das prostaglandinas [Chacko B.K., Chandler R.T., Mundhekar A., Pruitt H.M., Kucik D.F., Kevil C.G., Barnes S., Patel R.P., 2005]. A dadsina inibe o fator de necrose tumoral através da regulação positiva das prostaglandinas [Chacko B.K., Chandler R.T., Mundhekar A., Pruitt H.M., Kucik D.F., Kevil C.G., Barnes S., Patel R.P., 2005]. Recentemente, foi demonstrado [Cusimano E.M., Knight A.R., Slusser J.G., Clancy R.L., Pierce J.D., 2009] que quando o teor intracelular de ATP diminui apenas 15-20%, a intensidade de todas as funções da célula dependentes da energia cai 75-80% do valor inicial, o que leva ao desenvolvimento de patologias multissistémicas: perturbações do sistema nervoso central, do coração, processos sintéticos do fígado, dos rins, etc. A capacidade da célula para manter as suas funções específicas dependentes da energia (electrogénicas, neurotransmissoras, receptoras, contrácteis, transporte de iões e potenciais transmembranares, processos de síntese, etc.) depende estreitamente do teor de ATP intracelular. O aumento do teor de ATP nas mitocôndrias leva ao fecho do poro sensível à ciclosporina A. Em [Crompton M., 1999] foi demonstrado que, quando o ATP (em menor grau o ADP e o AMP) se liga, o canal fecha-se rapidamente. É de notar que estas perturbações estão associadas a um aumento da formação de espécies reactivas de oxigénio, à atividade das enzimas lipolíticas e proteolíticas e a uma diminuição da estabilidade das membranas mitocondriais. Na presença da dadsina, estas perturbações não se verificam; a dadsina abranda a oxidação dos substratos da cadeia respiratória sem perturbar a eficácia da fosforilação oxidativa mitocondrial, ou seja, transfere as células de um estado metabólico para um estado mais lento da célula.

O conteúdo de PC, PE, cardiolipina, LPE e lisocardiolipina diminui ligeiramente, enquanto o conteúdo de LPC, PS, ácidos fosfatídico e lisofosfatídico aumenta. Estas alterações ocorrem através do aumento dos processos de peroxidação lipídica, da atividade hidrolítica das enzimas líticas mitocondriais endógenas e exógenas. Na presença de genistina e daidzina, os desvios dos fosfolípidos acima mencionados abrandam e aproximam-se dos valores de controlo. Isto significa que a genistina e a daidzina inibem os processos de peroxidação lipídica e a atividade hidrolítica das enzimas lipolíticas. Ao mesmo tempo, estabilizam as membranas aumentando sincronicamente a síntese de fosfolípidos e a atividade transferase das fosfolipases. Na nossa opinião, estas propriedades da genistina e da daidzina são a principal razão para o aumento da função de síntese de ATP das mitocôndrias.

Na isquémia, a restauração da estrutura, ou seja, lípido/proteína e fosfolípido/fosfolípido; a inibição dos processos de peroxidação lipídica e da atividade hidrolítica das fosfolipases mitocondriais pela genistina e pela daidzina está associada a uma maior estabilidade das membranas.

Sabe-se que as espécies reactivas de oxigénio desempenham um papel na citotoxicidade devido a alterações na estrutura e função das proteínas, lípidos e ácidos nucleicos. [Tarpey, Wink, Grisham, 2004]. Estas alterações ocorrem devido a modificações redox pós-traducionais baseadas no nível de libertação de proteínas e na oxidação de lípidos e ácidos nucleicos [Forrester, Stamler, 2007]. O nível de espécies reactivas de oxigénio aumenta durante o stress e o resultado pode ser uma alteração patológica da estrutura e da função mitocondrial. Sabe-se também que quantidades excessivas de lisofosfatidilcolina contribuem para a rutura da integridade estrutural da membrana mitocondrial [Broekmeier K.M., Pfeiffer D.R., 1995] e bloqueiam o transporte de ATP e ADP através da membrana interna da mitocôndria, inibindo a adenina nucleótido translocase [Madesh M., Balasubramanian K.A., 1997]. $^{2+}$Sabe-se que o ácido fosfatídico é um ionóforo do Ca [Borovjagin V.L., Vergara J.A., Mc Intoch Th..J., 1982; Burt J.M., Rich T.L., Langer G.A., 1984].

Os dados obtidos no trabalho de tese indicam que a isquémia é acompanhada por um aumento do processo de POL e da atividade hidrolítica das fosfolipases e por perturbações do metabolismo energético e lipídico no fígado dos animais, que podem ser prevenidas ou reduzidas pela genistina e pela dadsina. Está provado que a genistina e a dadzina possuem uma ação energetotrópica, anti-hipóxica e adaptogénica e têm um efeito protetor pronunciado nas funções mitocondriais. A ação protetora energetotrópica e anti-hipóxica da genistina e da dadzina, expressa na prevenção ou enfraquecimento das perturbações do metabolismo energético sob stress e patologia, e no aumento da resistência não específica do organismo, sugere a preservação e manutenção de uma elevada atividade funcional dos animais em condições de deficiência de oxigénio e de substratos de oxidação.

CONCLUSÕES

1. A genistina não afecta a taxa de oxidação do succinato, a baixas concentrações também não afecta a oxidação do glutamato, mas com o aumento da sua concentração a oxidação do glutamato diminui ligeiramente. Ao mesmo tempo, a genistina aumenta de forma dependente da dose a relação ADP/O das mitocôndrias, o que é especialmente notório na oxidação do succinato.
2. A daidzina não tem qualquer efeito na função respiratória mitocondrial e nos valores de controlo respiratório de Chance, mas aumenta de forma dependente da dose a relação ADP/O. Este processo é particularmente proeminente na oxidação do succinato. Este processo é particularmente proeminente na oxidação do succinato. $^{+}$Na presença de daidzina, o aumento do coeficiente ADP/O com succinato nas mitocôndrias do fígado, o que, em nossa opinião, está relacionado com o fenómeno de "transferência inversa de electrões" (por recuperação de NAD e reforço do fornecimento de energia às células).
3. A genistina e a daidzina nas mitocôndrias diminuem a diminuição da atividade da NADH-oxidase sensível à rotenona, aumentam a atividade da NADH-oxidase insensível à rotenona, libertam o citocromo c da membrana interna das mitocôndrias para o espaço intermembranar. A natureza da ação destas isoflavonas, em geral, destina-se a prevenir a apoptose celular.
4. A genistina e a daidzina reduzem a atividade hidrolítica da PLA2 isolada do veneno de cobra em relação à atividade da NADH oxidase. Estas isoflavonas aumentam as áreas de "bicamada" na membrana, aumentam a sua estabilidade e

reduzem os efeitos das enzimas lipolíticas e proteolíticas nos sistemas membranares.

5. Foi revelado um aumento acentuado na diminuição de PE, LPE e PS, um ligeiro aumento de PI, um abrandamento no aumento de cardiolipina, uma ligeira diminuição de lisocardiolipina e um aumento na formação de LPC, ácidos fosfatídico e lisofosfatídico durante a auto-oxidação, em comparação com POL sob isquémia;
6. A genistina e a daidzina reduzem a elevação da PS, aumentam o teor de cardiolipina e de lisocardiolipina mitocondriais reduzidas na isquémia, igualando-as aos valores de controlo e abrandam sensivelmente o aumento dos ácidos LPC, fosfatídico e lisofosfatídico. Por conseguinte, estas isoflavonas reduzem a atividade hidrolítica das fosfolipases nas mitocôndrias;
7. A genistina e a daidzina na isquémia diminuem nas mitocôndrias o conteúdo aumentado de PS, LPC, ácidos fosfatídico e lisofosfatídico como resultado da POL, e aumentam o conteúdo diminuído de PE e LPE, aproximando os parâmetros estudados dos valores de controlo.

Recomendações práticas

Os estudos realizados sobre o efeito protetor da genistina e da daidzina na norma e na isquemia permitem-nos recomendar a sua utilização na prática médica como uma preparação energética, antitóxica e adaptogénica original e promissora.

Lista de referências

1. Almatov K.T. Mechanisms of mitochondrial membrane damage development and the role of lipolytic system (Mecanismos de desenvolvimento de danos na membrana mitocondrial e o papel do sistema lipolítico). Dokt. dis. D. em Ciências Biológicas, 1990, 380 pp.

2. Almatov K.T. Enzymatic transformations of mitochondrial phospholipids (Transformações enzimáticas de fosfolípidos mitocondriais). Tashkent: Universidade, 1993, 30 pp.

3. Almatov K.T., Rasulova V.B., Rakhimova N.M., Klemesheva L.S., Rakhimov M.M. Changes in the transalkylation activity of phospholipase D of liver mitochondria in insulin deficiency. Izvestiya Vuzov. Ciências Químicas e Biológicas // 2001. № 2-4. C.56-58.

4. Almatov K.T., Yusupova U.R., Abdullav G.R., Mamazhanov M.M., Niyazmetov B.A., Mirzakulov S.O. Organizmning nafas olishi va energiya khosil kilishini aniqlash. - Toshkent. - 2013. - 103 б.

5. Almatov K.T., Niyazmetov B.A., Khushbaktova Z.A., Syrov V.V.. Regulação pela genistina das funções respiratórias e energéticas das mitocôndrias do fígado. Boletim de NUUz. Tashkent. 2013. № 4/2. C. 56-59.

6. Almatov K.T., Niyazmetov B.A. Genistinni mitochondria dehydrogenase va oxidazalarning faolliklariga ta'siri. // Infeção, imunidade e farmacologia. Tashkent. 2014. №4. C. 81-90.

7. Andreev LI, Kozhemyakin LD, Kushkin AA Modificação do método de determinação dos peróxidos lipídicos no ensaio com ácido

tiobarbitúrico // Laboratory Business. - Moscovo, 1989. - №1. - C. 41-43.

8. Andreev LI, Kushnareva YE, Murphy EN, Starkov AA Mitochondrial metabolism of reactive oxygen species: ten years later (review) // Biochemistry. - Moscovo, 2015. - T.80. - №5. - C. 612-630.

9. Vladimirov Y.A., Archakov A.I. Lipid peroxidation in biological membranes, Moscovo: Nauka. 1972. C. 214.

10. Vladimirov Yu.A., Azizova O.A., Deev A.I., Kozlov A.B., Osipov A.N., Rashchupkin D.I. Radicais livres em sistemas vivos. Resultados da ciência e tecnologia // Biofísica 1991. T. 29. C. 252.

11. Vladimirov Yu.A. Radicais livres em sistemas biológicos // Ibidem. 2000. T. 6, № 12. C. 13-19.

12. Dyatlovitskaya E.V., Bezuglov V.V. Os lípidos como bioefectores. Introdução // Bioquímica. - Moscovo, 1998. - T. 63. - vol. 1. - C. 3-5.

13. Zelinsky BA, Vlasenko MV Estado da peroxidação lipídica em pacientes com insuficiência crónica do poro adrenal // Problema. Endocrinol. 1990. T. 36. № 1, C. 37-40.

14. Kondrashova M.N. Metabolic states of mitochondria and basic physiological states of living tissue. Propriedades e funções de macromoléculas e sistemas macromoleculares. Moscovo: Nuka, 1969. C. 135-160.

15. Kondrashova MN Acumulação e utilização do ácido succínico na mitocôndria // Mitocôndria. Mecanismos moleculares das reacções enzimáticas. Moscovo: Nauka. 1972. C. 151-169.

16. Kutsyy MP, Gulyaeva NA, Kuznetsova EA, Gaziev AI Estudo das proteínas de ligação ao ADN das mitocôndrias do fígado de rato // Izvestia RAS. Série biológica. 2005. T. 5. C.531-538.

17. Lipskaya T.Y., Voinova V.V. Nucleósido fosfato quinase mitocondrial: carácter de interação com a membrana mitocondrial externa e a fração de atividade funcionalmente conjugada com a fosforilação oxidativa // Bioquímica. 2008. T. 73. Issue. 3. C. 395-407.

18. Niyazmetov B.A., Almatov K.T. Modificação da influência do orobol na oxidação do succinato na mitocôndria pelo envolvimento do etanol. Actas da Conferência Científica e Prática Republicana com a participação de cientistas estrangeiros, 11-12 de dezembro de 2013, Nukus, Instituto Pedagógico Estatal de Nukus com o nome de Azhiniyaz. Azhiniyaz.

19. Niyazmetov B.A., Almatov K.T. Genistinni mitochondria dehydrogenase va oxidazalarning faolliklariga ta'siri. Infeção, imunidade e farmacologia. Tashkent. 2014. №4. C. 81-90.

20. Niyazmetov B.A., Karimova G.M., Almatov K.T. Influência da peroxidação lipídica no metabolismo lipídico nas mitocôndrias e sua correção pelo genistineom. Jornal de medicina teórica e clínica. Tashkent. 2015. №1, c. 39-44.

21. Niyazmetov B.A., Karimova G.M., Almatov K.T. Influência da peroxidação lipídica na troca de mitocôndrias de cardiolipina e lisocardiolipina e sua correção com genistina. Actas da conferência científica e prática "Problemas actuais de biologia e ecologia" dedicada ao 70.º aniversário do processador Almatov Karim Tazhibayevich, 13 de setembro de 2015. Tashkent. 2015. C. 160-163.

22. Niyazmetov B.A., Karimova G.M., Almatov K.T. Regulação dos processos de peroxidação lipídica mitocondrial com orobol e genistina. Actas da conferência científica "Aspectos modernos da biologia físico-química e ecotoxicologia" dedicada ao 70º aniversário do processador Mirkhodjaev Ulugbek Zakirovich, 26 de abril de 2016. Tashkent, 2016. C.

23. Niyazmetov B.A., Almatov K.T. Influência da peroxidação lipídica no metabolismo lipídico mitocondrial e sua correção pela genistina. // Infeção, imunidade e farmacologia, Tashkent. 2016. №5. 132-136 c.

24. Niyazmetov B.A., Almatov K.T. Influência da peroxidação lipídica no metabolismo mitocondrial da fosfatidilserina e do fosfatidilinositol e sua correção com genistina. / Problemas teóricos e aplicados da ciência e educação modernas. Materiais da conferência internacional científico-prática. Parte I. (Kursk, 24-25 de março de 2016). Kursk. 2016. C.253-257.

25. Niyazmetov B.A., Karimova G.M., Almatov K.T. Regulação dos processos de peroxidação lipídica mitocondrial com orobol e genistina. / Actas da conferência científica e prática "Aspectos modernos da biologia físico-química e ecotoxicologia" 26 de abril de 2016. Tashkent. C.156.

26. Pirozhkov SV, Panchenko LF Papel da aldeído desidrogenase no metabolismo do dialdeído malónico no fígado do rato // Bioquímica.1989. Vol. 53, número 9. p. 1443-1448.

27. Prokazova N.V., Zvezdina N.D., Korotaeva A.A. Effect of lysophosphati- dicholine on transmembrane signal transmission within the cell // Biochemistry. 1998. T. 63. vol. 1. p. 38-46.

28. Rasulova V.B., Rakhimova N.M., Klemesheva L.S., Rakhimov M.M. Alterações na atividade de transacilação da fosfolipase D das

mitocôndrias do fígado na deficiência de insulina // Izvestiya Vuzov. Ciências Químicas e Biológicas. - Tashkent, 2001, - №2-4, - P.56-58.

29. Rakhimov M.M., Gorbataya O.N., Almatov K.T. et al. $_2$Propriedades da fosfolipase A das membranas externa e interna das mitocôndrias // Bioquímica. Moscovo. 1988, V. 53, vol. 9. p. 1486-1495.
30. Skulachev V.P. Energetics of biological membranes (Energética das membranas biológicas). Moscovo: Nauka. 1989 -565 c.
31. Skulachev V.P. No seu espaço intermembranar, a mitocôndria alberga uma "proteína suicida" que, uma vez libertada no citosol, provoca a apoptose. // Biochemistry. 1996. T. 61. vol.11. C. 2060 -2063.
32. Skulachev V.P. Evolução, mitocôndrias e oxigénio // Soros Educational Journal. 1999. № 9. C. 1-7.
33. Skulachev V.P. Fenómenos de morte programada. Mitocôndrias, células e órgãos: o papel das espécies reactivas de oxigénio. // Ibidem. 2001. T. 7. № 6. C. 4-10.
34. $^{2+}$Tkachuk V.A. Metabolismo dos fosfoinositídeos e oscilação dos iões Ca . // Bioquímica. 1998. T.63.vol.1. C. 47-56.
35. Chesnokova NP, Ponukalina EV, Bizenkova MN Mecanismos moleculares e celulares de inativação de radicais livres em sistemas biológicos // Uspekhi modern natural science. - 2006. - № 7 - C. 29-36.
36. Adlercreutz H., Mazur W. Fitoestrogénios e doença ocidental // Annals of Med. 1997. V. 29. P. 95-120.

37. Aguiar P.M., Barbosa A de P. Uso de isoflavonas de soja na terapia de reposição hormonal durante o climatério // African Journal of Pharmacy and Pharmacology. 2014. V.8(42). P. 1071-1078.

38. Akiyama T., Ishida J., Nakagawa S., Ogawara H., Watanabe S., Itoh N., Shibuya M., Fukami Y. Genistein, um inibidor específico das proteínas quinases específicas da tirosina. J Biol Chem. 1987. V. 262. P. 5592-5595.

39. Alam T.I., Kanki T. et al. O ADN mitocondrial humano é embalado com TFAM // Nucleic Acids Res. 2003. V. 31. P. 1640-1645.

40. Anderson, K. M., Seed, T., Ou, D., Harris, J. E. Radicais livres e espécies reactivas de oxigénio na morte celular programada // Medical Hypotheses, 1999. V. 52. N. 5, P. 451-463.

41. Arnold S.F., Vorojeikina D.P., Notides A.C. Phosphorylation of tyrosine 537 on the human estrogen recetor is required for binding to an estrogen response element. J Biol Chem. 1995. V. 270. P. 30205-30212.

42. Aubertin-Leheudre M., Lord C., Khalil A., Dionne I.J.. Six months of isoflavone supplement increases fat-free mass in obese-sarcopenic postmenopausal women: a randomised double-blind controlled trial.// Eur J Clin Nutr. 2007, V. 6. N. 12. P. 1442-1444.

43. Bandyopadhyay S.K., Dutta A. Hepatopatias mitocondriais // J Assoc Physicians India. 2005. V. 53. P. 973-978.

44. Šošić-Jurjević B, Lütjohann D, Jarić I, Miler M et al. Efeitos da idade e das isoflavonas de soja no metabolismo do colesterol hepático e na disponibilidade de hormônios tireoidianos em ratos fêmeas acíclicos // Exp Gerontol. 2017, V. 92, P. 74-81.

45. Baines CP, Gutiérrez-Aguilar M. A identidade ainda incerta da (s) unidade (s) formadora (s) de canal do poro de transição de

permeabilidade mitocondrial // Cell Calcium. 2018, 16 (73), P. 121-131.

46. Barnes S. Evolução dos benefícios para a saúde das isoflavonas da soja // Proc Soc Exp Biol Med. 1998. V. 217. P. 386-392.

47. Batandier C., Leverve X., Fontaine E. A abertura do orifício de transição da permeabilidade mitocondrial induz a produção de espécies reactivas de oxigénio ao nível do complexo I da cadeia respiratória // J. Biol. Biol. Chem. - 2004. - V.279. - P. 17197-17204.

48. Bidon E., Brani A., Mietto Z., Toffano G. Libertação de aminas interacelulares induzida por lisofosfotidilserina em ratinhos. Brit. J. Phram., 1980, V. 69. P. 11 - 12.

49. Bligh E.G., Dyer W.J.. Um método rápido de extração e purificação de lípidos totais. Can. Biochem. And Physiol., 1959, V. 37, № 8, P. 911-917.

50. Boersma B.J., Patel R.P., Botting N. et al. Formação de novos metabolitos bioactivos a partir das reacções de oxidantes pró-inflamatórios com polifenólicos. // Biofactores. 2001. V. 15. P. 79-81.

51. Borovjagin V.L., Vergara J.A., Mc Intoch Th..J.. Morfologia das fases intermédias da transição lipídica lamelar para hexagonal. // J. Mem. Biol., 1982, V. 69, P. 199-211.

52. Broekmeier K.M., Pfeiffer D.R.. Inibição da transição da permeabilidade mitocondrial pela ciclosporina a durante as experiências de longa duração: relação entre a abertura do poro e a atividade das fosfolipases mitocondriais. // Biochemistry, 1995, V. 34, P. 16440-16449.

53. Brooks J.D., Thompson L.U.. Mammalian lignans and genistein decrease the activities of aromatase and 17beta-hydroxysteroid dehydrogenase in MCF-7 cells. J Steroid Biochem Mol Biol. 2005. V. 94. P. 461-467.

54. Burke W.T., Trivedi J.R., Flaherty M.P., Grubb K.J.. Insuficiência cardíaca aguda no momento da substituição da válvula aórtica transcateter não aumenta a mortalidade // Inovações (Phila). 2018. V. 13(1). P. 47-50

55. $^{2+}$Burt J.M., Rich T.L., Langer G.A. Phospholipase D increases cell surface Ca binding and positive intray in rat heart. // Amer. J. Phisiol, 1984, V. 247, N5, P. 880-885.

56. Casademont, J., Garrabou, G., Miro, O., Lopez, S., Pons, A., Bernardo, M., et al. Efeito do tratamento neuroléptico na cadeia de transporte de electrões mitocondrial: análise de células mononucleares do sangue periférico em pacientes psicóticos.// Journal of Clinical Psychopharmacology, 2007. V. 27. N. 3, P. 284-288.

57. Chacko B.K., Chandler R.T., Mundhekar A., Pruitt H.M., Kucik D.F., Kevil C.G., Barnes S., Patel R.P. Revealing anti-inflammatory mechanisms of soy-isoflavones by flow: modulation of leukocyte-endothelial cell interactions // Am J Physiol. 2005. V. 289. P. H908-H915.

58. Chacko B.K., Chandler R.T., D'Alessandro T.L., Mundhekar A., Khoo N.K., Botting N., Barnes S., Patel R.P. Os efeitos anti-inflamatórios das isoflavonas dependem do fluxo e das células endoteliais humanas PPARg // J Nutr. 2007. V. 137. P. 351-356.

59. Chance B., Williams G.R.. Enzima respiratória na fosporilação oxidativa. 1V. Cadeia respiratória. J. Biol. Chem, 1955. N 2. P. 429 - 444.

60. Cherdshewasart W, Sutjit W. Correlação da atividade antioxidante e dos principais conteúdos de isoflavonóides dos tubérculos de Pueraria mirifica e Pueraria lobata, ricos em fitoestrogénios. // Phytomedicine. 2008. V.15. P.38-43.

61. Cetinkale, O., Senel, O., Bulan, R. The effect of antioxidant therapy on cell-mediated immunity following burn injury in an animal model.// Burns, 1999. V. 25. N. 2, P. 113-118.

62. Chen J.J., Yu B.R.. Alteração da fluidez da membrana mitocondrial por produtos de peroxidação lipídica. // Free Radic Biol Med. 1994. V.17. P.411-416.

63. Christophe M., Nicolas S. Mitocôndrias: um alvo para intervenções neuroprotectoras na isquemia-reperfusão cerebral // Curr Pharm Des. 2006. V. 12. P. 73957.

64. Chueh F.S., Chang C.P., Chio C.C., Lin M.T.. A puerarina actua através de mecanismos serotoninérgicos cerebrais para induzir efeitos térmicos. J. Pharmacol Aci. 2004. V.96. P.420-427.

65. Civitarese, A. E., Ravussin, E. Mitochondrial energetics and insulin resistance // Endocrinology, 2008. V. 149. N. 3, P. 950-954.

66. Clayton, D. A. Replicação e transcrição do DNA mitocondrial de vertebrados // Annual Review of Cell Biology, 1991. N. 7, P. 453-478.

67. Coldham N.G., Darby C., Hows M., King L.J., Zhang A.Q., Sauer M.J.. Comparative metabolism of genistin by human and rat gut microflora: detection and identification of the end-products of metabolism. Xenobiotica. 2001. V. 22. N. 10. P. 45-62.

68. Connerth M et al. Transporte intramitocondrial de ácido fosfatídico em levedura por uma proteína de transferência de lípidos // Science. 2012, 9;338(6108) 815-8 p.p..

69. Coward L., Barnes N.C, Setchell K.D.R, Barnes S. Genistein, daidzein, and their β-glycoside conjugates: antitumour isoflavones in soybean foods from American and Asian diets.// J Agric Food Chem. 1993. V. 41. N. 11. P. 1961-1967.

70. Crompton M. O poro de transição da permeabilidade mitocondrial e o seu papel na morte celular. J. 1999. V. 341. P. 233-249.

71. Cuevas A.M., Irribarra V.L., Castillo O.A. et al. A proteína isolada de soja melhora a função endotelial em mulheres hipercolesterolémicas pós-menopáusicas. // Eur. J. Clin. Nutr. 2003. V. 57. P. 889-894.

72. Cullis P.R., Fenske D.B., Hope M.J.. Biochemistry of lipids, lipoproteins and membranes (Vance, D. E., and Vance, J. R., eds), Elsevier, Amsterdam. 1996. P.1-33.

73. Cunningham C.C., Bailey S.M. Ethanol consumption and liver mitochondria function. Signals Recept. 2001. V. 10. P. 271-282.

74. Cusimano E.M., Knight A.R., Slusser J.G., Clancy R.L., Pierce J.D. Mitochondria: the hemi of the cell.// And Emerg Nurs J. 2009. V. 31. N 1. P. 54-62.

75. D'Alessandro T., Boersma B.J., Peterson T.G., Sfakianos J., Prasain J.K., Patel R., Darley-Usmar V.M., Botting N., Barnes S. Metabolism of phytoestrogen conjugates, Meth Enzymol 2005. V. 400. P. 316-342.

76. De Luis D.A., Aller R., Sagrado J. Efeitos da soja na saúde de mulheres menopausadas. // Rev. Clin. Esp. 2006. V. 206. P. 205-207.

77. Dey P, Su WM, Han GS, Carman GM. A fosforilação de enzimas metabólicas lipídicas pela proteína quinase C de levedura requer fosfatidilserina e diacilglicerol // J Lipid Res. 2017, 58(4) P. 742-751.

78. Di Mauro, S., Schon, E. A. Mitochondrial DNA mutations in human disease // American Journal of Medical Genetics, 2001. V. 106. N. 1, P. 18-26.

79. Di L.F., Canton M., Menabo R., Dodoni G., Bernardi P. Mitochondria andreperfusion injury. O papel da transição de permeabilidade.// Basic Res Cardiol. 2003. V. 98. P. 235-241.

80. Di L.F., Bernardi P. Mitochondrial function and myocardial aging. A criticalanalysis of the role of permeability transition.// Cardiovasc Res. 2005. V. 66. P. 222-232.

81. Di L.F., Canton M., Menabo R., Kaludercic N., Bernardi P. Mitochondria andcardioprotection. Heart Fail. Rev. 2007. V. 12. P. 249-260.

82. Divi R.L., Doerge D.R.. Inibição da peroxidase da tiroide por flavonóides dietéticos. Chem Res Toxicol. 1996. V. 9. P. 16-23.

83. Divi R.L., Chang H.C., Doerge D.R.. Anti-thyroid isoflavones from soybean: isolation, characterisation, and mechanisms of action. // Biochem Pharmacol. 1997. V. 54. P. 1087-1096.

84. Dobiaš L, Petrová M, Vojtko R, Uličná O, Vančová O , , Kristová V. Efeito do sulodexido nas respostas vasculares e na função mitocondrial hepática em ratos diabéticos // Physiol Res. 2015. V. 64. P. 497-505

85. Donovan S.M., Andres A., Mathai R.A. et all. Fórmula de soja e isoflavonas e o intestino em desenvolvimento // Nutr Rev. 2009. V. 67. S2. P. 192-200.

86. Enmark E., Pelto-Huikko M., Grandien K., Lagercrantz S., Lagercrantz J., Fried G., Nordenskjo L.M., Gustafsson J.A. Human estrogen recetor beta-gene structure, chromosomal localisation, and expression pattern. J Clin Endocrinol Metab. 1997. V. 82. P. 4258-4265.

87. Fedoreyev S.A., Pokushalov T.V., Veselova M.V., Glebko L.I., Kulesh N.I., Muzarok T.I., Seletskaya L.D., Bulgakov V.P., Zhuravlev Y.N.. Produção de isoflavonóides por culturas de calos de Maackia amurensis.// Fitoterapia. 2000. V. 71. N. 4. P. 365-372.

88. Forbes, J. M., Coughlan, M. T., Cooper, M. E. Oxidative stress as a major culprit in kidney disease in diabetes.// Diabetes, 2008. V. 57. N. 6, P. 1446-1454.

89. Forrester, M. T., Stamler, J. S. A classification scheme for redox-based modifications of proteins.// American Journal of Respiratory Cell and Molecular Biology, 2007. V. 36. N. 2, P. 135-137.

90. Frank W., Munnik T. et al. Atividade da água na planta de ressurreição cratero-stigma plantagineum. The liant cell. 2000. V. 12. P. 111-123.

91. Garrido N., Griparic L. et al. Composição e dinâmica dos nucleoides mitocondriais humanos // Mol. Biol. Cell. 2003. V.14. P.1583-1596.

92. Gellerich F.N., Bohnensack R., Kunz W. Controlo da respiração mitocondrial. A contribuição da translocação de nucleótidos de adenina depende das enzimas consumidoras de ATP e ADP // Biochim.Biophys. Ata. - 1983. - V. 722. - P. 381-391.

93. Green, D. R., Reed, J. C. Mitocôndria e apoptose // Science, 1998. V. 281. N. 5381, P. 1309-1312.

94. Gvozdjakova, A., Bada, V., Sany, L., Kucharska, J., Kruty, F., Bozek, P., et al. Smoke cardiomyopathy: Disturbance of oxidative

processes in myocardial mitochondria.// Cardiovascular Research, 1984. V. 18. N. 4, P. 229-232.

95. Hajnoczky, G., Buzas, C. J., Pacher, P., Hoek, J. B., Rubin, E. Alcohol and mitochondria in cardiac apoptosis: Mechanisms and visualisation.// Alcoholism, Clinical and Experimental Research, 2005. V. 29. N. 5, P. 693-701.

96. Hale G., Paul Labrador M., Dwyer J.H., Merz C.N.. Suplementação de isoflavonas e função endotelial em mulheres na menopausa. // Clin. Endocrinol. 2000. V. 56. P. 693-701.

97. Harbome J.B., Williams C.A. Advances in flavonoid research since 1992 // Phytochemistry.-2000.- Vol. 55.- P. 481-504.

98. Hasumuma R, Kawaguchi K, Kikuchi S, Sugiyama T, Kumazawa Y. Effects of isoflavones and soybeans fermented with Bacillus subtilis on lipopolysaccharide-induced production of tumor necrosis fator-alpha and fibrinolysis in vivo. // Immunopharmacol Immunotoxicol. 2007. V.29. P.323-333.

99. Hempstock J., Kavanagh J.P., George N.J.. Inibição do crescimento de linhas celulares da próstata in vitro por fitoestrogénios // J Med Food. 1999, 2(3-4), P. 243-246.

100. Hill, M. F., Singal, P. K. Antioxidant and oxidative stress changes during heart failure subsequent to myocardial infarction in rats.// American Journal of Pathology, 1996. V. 148. N. 1, P. 291-300.

101. Hogeboom O.N., Schneider W.C., Pallade O.H.. Isolamento de mitocôndrias intactas de fígado de rato: algumas propriedades bioquímicas de mitocôndrias e material particulado submicroscópico. Biol. Chem.- 1948. - V.172. - N2. - P.619-641.

102. Hodgson J.M., Puddey I.B., Beilin L.J. et al. Effects of isoflavonoids on blood pressure in subjects with highnormal ambulatory blood pressure levels: a randomised controlled trial. // Am. J. Hypertens. 1999. V. 12. P. 47-53.

103. Horton, J. W. Radicais livres e peroxidação lipídica mediada por lesões em queimaduras: O papel da terapia antioxidante // Toxicologia, 2003. V. 189. N. 1-2, P. 75-88.

104.Hooper L., Ryder J.J., Kurzer M.S., Lampe J.W., Messina M.J., Phipps W.R., Cassidy A. Effects of soy protein and isoflavones on circulating hormone concentrations in pre- and postmenopausal women: a systematic review and meta-analysis // Hum Reprod Update. 2009. V. 15. P. 423-440.

105. Hooshmand S., Juma S., Arjmandi B.H.. Combinação de Genistin e Fructooligossacarídeos Previne a Perda Óssea na Deficiência Hormonal Ovariana // J. Med. Med. Food. [Epub ahead of print]. 2010. V. 2. P. 320-325.

106. Hostetler K.Y., Van den Bosch H., Van Deenen L.L.M. Biossíntese de cardiolipina nas mitocôndrias do fígado // Biochem. Biophys. Asta. 1972. V. 239. P. 113-116.

107. Hostetler K.Y., Van den Bosch H. Subcelluler and submitochondrial localisation of the biosynthesis of cardiolipid and related phospholipids in rat liver // Biochem. Biophys. Ata. 1972. - V. 260. - N 2. - P. 380-386.

108. Hunter D.R., Komai H., Haworth R.A. Fosforilação oxidativa e controlo respiratório na lisolecitina em partículas de transferência de electrões // Biochem. Biophys. Res. Commun., - 1974. - V. 56. - N-3. - P. 647-653.

109. Hwang J., Sevanian A., Hodis H.N., Ursini F. Inibição sinérgica da oxidação de LDL por fitoestrogénios e ácido ascórbico. // Free Radic. Biol. Med. 2000. V. 29. P. 79-89.

110. Hwang J., Wang J., Morazzoni P. et al. The phytoestrogen equol increases nitric oxide availability by inhibiting superoxide production: an antioxidant mechanism for cell-mediated LDL modification. // Free Radic. Biol. Med. 2003. V. 34. P. 1271-1282.

111. Ingram D., Sanders K., Kolyababa M. et al. Case-control study of phyto-oestrogens and breast cancer // Lancet. 1997. V. 350. P. 990-994.

112. Jaeschke H. Oxigénio reativo e mecanismos de lesão hepática inflamatória. // J. Gastroenterol Hepatol. 2000. V.15. P.323-333.

113. Jackman K.A., Woodman O.L., Sobey C.G. Isoflavones, equol and cardiovascular disease: pharmacological and therapeutic insights. // Curr. Med. Chem. 2007. V. 14. P. 2824-2830.

114. Jenkins D.J., Kendall C.W., Garsetti M. et al. Effect of soy protein foods on low density lipoprotein oxidation and ex vivo sex hormone recetor activity-a controlled crossover trial. // Metabolism. 2000. V. 49. P. 537-543.

115. Kagan V.E. et al. Oxidative lipidomics of apoptosis: redox catalytic interactions of cytochrome c with cardiolipin and phosphatidylserine // J. Free Rad. Biol. Med., - 2004. - V. 37. - P. 1963-1985.

116. Keung W.M., Vallee B.L.. Daidzin: um inibidor potente e seletivo da aldeído desidrogenase mitocondrial humana. // Proc Natl Acad Sci USA. 1993. V.90. P.1247-1251.

117. Keung W.M., Lazo O., Kunze L., Valle B.L.. Daidzin suprime o consumo de etanol por hamsters sírios sem bloquear o metabolismo do acetaldeído. // Proc Natl Acad Sci USA. 1995. V.92. P. 8990-8993.

118. Khoynezhad, A., Jalali, Z., Tortolani, A. J. Apoptose: Fisiopatologia e implicações terapêuticas para o cirurgião cardíaco // Annals of Thoracic Surgery, 2004. 0V. 78. N. 3, P. 1109-1118.

119. Kim S., Shin H.J., Kim S.Y., Kim J.H., Lee Y.S., Kim D.H., Lee M.O.. A genisteína aumenta a expressão de genes envolvidos no catabolismo de ácidos gordos através da ativação de PPARalpha. // Mol Cell Endocrinol. 2004. V. 220. P. 51-58.

120. Knittelfelder OL, Kohlwein SD. Cromatografia de camada fina para separar fosfolípidos e lípidos neutros da levedura // Cold Spring Harb Protoc. 2017 May 1;2017(5).

121. Kim D.U., Koh T. et al. Clonagem molecular e expressão funcional da fosfolipase D da couve // Biochim. Biophys. Asta, 1999. V. 1437. P. 409-414.

122. Kim D.O., Lee C.Y. Estudo abrangente sobre a capacidade antioxidante equivalente à vitamina C (VCEAC) de vários polifenólicos na eliminação de um radical livre e a sua relação estrutural // Crit. Rev. Food Sci. Nutr.- 2004.- V. 44.- P. 253-273.

123. Kim S., Shin H.J., Kim S.Y., Kim J.H., Lee Y.S., Kim D.H., Lee M.O.. A genisteína aumenta a expressão de genes envolvidos no catabolismo de ácidos gordos através da ativação de PPARalpha. // Mol Cell Endocrinol. 2004. V. 220. P. 51-58.

124. Kingwell B.A. Gatzka C.D. Arterial stiffness and prediction of cardiovascular risk. // J. Hypertens. 2002. V. 20. P. 2337-2340.

125. Ludtmann M.H.R., et al. Mutações na proteína contendo valosina (VCP) diminuem a translocação de ADP/ATP através da membrana mitocondrial e prejudicam o metabolismo energético nos neurónios humanos // J Biol Chem. 2017, 292(21) P. 8907-8917.

126. Kunji E.R., et al. O mecanismo de transporte do transportador ADP/ATP mitocondrial // Biochim Biophys Ata. 2016, 1863(10) P. 2379-2393.

127. Kondo K., Suzuki Y., Ikeda Y., Umemura K. A genisteína, uma isoflavona incluída na soja, inibe a oclusão de vasos trombóticos na artéria femoral do rato e a agregação plaquetária in vitro. // Eur. J. Pharmacol. 2002. V. 455. P. 53-57.

128. Lamartiniere C.A., Moore J., Holland M., Barnes S. Neonatal genistein chemoprevents mammary cancer // Proc Soc Exp Biol Med. 1995, 208(1), P. 120-123.

129. Lechat, P., Packer, M., Chalon, S., Cucherat, M., Arab, T., Boissel, J. P. Clinical effects of beta-adrenergic blockade in chronic heart failure: A meta-analysis of double-blind, placebo-controlled, randomised trials.// Circulation, 1998. V. 98. N. 12, P. 1184-1191.

130. Leinonen, J. S., Ahonen, J. P., Lonnrot, K., Jehkonen, M., Dastidar, P., Molnar, G., et al. Low plasma antioxidant activity is associated with high lesion volume and neurological impairment in stroke.// Stroke, 2000. V. 31. N. 1, P. 33-39.

131. Lenaz G. O papel dos lípidos na estrutura e função das membranas. In: Subcellular biochemictry.// Ancona, Itália. 1979. N.6. P. 233-317.

132. Leone, A., Landini, L., Jr., Biadi, O., Balbarini, A. Tabagismo e sistema cardiovascular: características celulares dos danos // Current Pharmaceutical Design, 2008. V. 14. N. 18, P. 1771-1777.

133. Li B.Q., Song Q.S. Constituintes químicos em raízes de Flemingia macrophylla // Medicamentos Tradicionais e Herbais Chineses. 2009. V. 40. N. 2. P. 163-166.

134. Li J. et al. Descoberta de ácido fosfatídico, fosfatidilcolina e fosfatidilserina como biomarcadores para o diagnóstico precoce da endometriose // Front Physiol. 2018, 23 P. 9-14.

135. Libby P. Inflammation in atherosclerosis (Inflamação na aterosclerose). // Nature. 2002. V. 420. P. 868-874.

136. Lightowlers, R. N., Chinnery, P. F., Turnbull, D. M., Howell, N. Mammalian mitochondrial genetics: Heredity, heteroplasmy and disease // Trends in Genetics, 1997. V. 13. N. 11, P. 450-455.

137. Lim Y., Kim S.H., Cho Y.J. et al. Silicainduced oxygen radical generation in alveolar macrophage. // Ind. Health. 1997. V. 35. P. 380-387.

138. Liskovich M., Grany M. et al. Location and possible function of phospholi-pase D isozymes // Biochim. Biophys. Asta, 1999. V. 1439. P. 245-263.

139. Liu, X., Kim, C. N., Yang, J., Jemmerson, R., Wang, X. Indução de um programa apoptótico em extractos livres de células: Necessidade de dATP e citocromo c.// Cell, 1996. V. 86. N. 1, P. 147-157.

140. Lowry O.H., Rosebrough N.J., Farr A.L., Randall R.J.. Medição de proteínas com o reagente de fenol Folin. J. Biol. Chem., 1951. V. 193. N. 1. P. 265 - 274.

141. Makela S., Poutanen M., Lehtima K.J., Kostian M.L., Santti R., Vihko R. Estrogénio específico 17 beta-hidroxiesteróide oxidoredutase tipo 1 (E.C. 1.1.1.1.62) como um possível alvo para a

ação dos fitoestrogénios. // Proc Soc Exp Biol Med. 1995. V. 208. P. 51-59.

142.2M adesh M., Balasubramanian K.A. Ativação da fosfolipase A mitocondrial hepática por superóxido. // Arch. Biochem. Biophys., 1997, V. 346, N2, P. 187-192.

143. Mannella, C. A. Structure and dynamics of the mitochondrial inner membrane cristae // Biochimica et Biophysica Ata, 2006. V. 1763. N. 5-6, P. 542-548.

144.Marin-Garcia, J., Goldenthal, M. J. Understanding the impact of mitochondrial defects in cardiovascular disease: A review.// Journal of Cardiac Failure, 2002. V. 8. N. 5, P. 347-361.

145.Matthews J., Gustafsson J.A. Estrogen signalling: a subtle balance between ER alpha and ER beta. Mol Interv. 2003. N. 3. P. 281-292.

146.Messina M., Messina V. Soyfoods, soybean isoflavones, and bone health: a brief overview // J Ren Nutr. 2000. V. 10. N. 2. P. 63-68.

147.Mitchell P., Moyle J. Chemiosmotic hypothesis of oxidative phosphorylation (Hipótese quimiosmótica da fosforilação oxidativa). Nature. Londres, 1967. V. 213 (5072). P. 137-139.

148. Muller M., Krebs J.J.R., Cherry R.J., Kawato S. Difusão rotacional do translocador ADP/ARP na membrana interna da mitocôndria e em proteolipossomas. J. Biol. Chem., 1984. V. 259. P. 3037-3043.

149. Murphy, M. P., Smith, R. A. Drug delivery to mitochondria: The key to mitochondrial medicine // Advanced Drug Delivery Reviews, 2000. V. 41. N. 2, P. 235-250.

150. Murrant, C. L., Reid, M. B. Deteção de espécies reactivas de oxigénio e de azoto no músculo esquelético // Microscopy Research and Technique, 2001. V. 55. N. 4, P. 236-248.

151. Nagata M., Sedgwick J.B., Busse W.W.. Ativação sinérgica da geração de aniões superóxido de eosinófilos por VCAM-1 e GM-CSF. Envolvimento da tirosina quinase e da proteína quinase C. // Int. Arch. Allergy Immunol. 1997. V. 114. N. 1. P. 78-80.

152. Nagino T, Kaga C, Kano M, Masuoka N. Efeitos do leite de soja fermentado com Lactobacillus casei Shirota na condição da pele e na microbiota intestinal: um ensaio clínico piloto aleatório // Benef Microbes. 2018 27;9(2):209-218.

153.Nakata R et al. Biossíntese Induzível De Novo de Isoflavonóides em Folhas de Soja por Elicitores Derivados de Spodoptera litura: Técnicas de Traçador Auxiliadas por LCMS de Alta Resolução // J Chem Ecol. 2016, 42(12) P. 1226-1236.

154. Nisoli, E., Cozzi, V., Carruba, M. O. Aminoácidos e biogénese mitocondrial // American Journal of Cardiology, 2008. V. 101. N. 11A, P. 22E-25E.

155. Nordmann C., Strokin M., Schönfeld P., Reiser G. Putative roles of Ca(2+)-independent phospholipase A2 in respiratory chain-associated ROSproduction in brain mitochondria: influence of docosahexaenoic acid and bromoenol lactone // J. Neurochem. Neurochem. 2014. V. 131 (2). P. 163-176.

156. Orsini, F., Moroni, M., Contursi, C., Yano, M., Pelicci, P., Giorgio, M., et al. Efeitos reguladores do estado energético mitocondrial sobre

a p66Shc mitocondrial.// Química Biológica, 2006. V. 387. N. 10-11, P. 1405-1410.

157. Ott M., Robertson J. D., Gogvadze V., Zhivotovsky B., Orrenius S. A libertação do citocromo c das mitocôndrias processa-se em duas fases // // Proc. Nat. Acad. Sci. USA. 2002, V. 99. №3. P. 1259.

158. Pagano, A., Donati, Y., Metrailler, I., Barazzone Argiroffo, C. A libertação do citocromo c mitocondrial é um evento chave na lesão pulmonar induzida pela hiperóxia: Proteção pela ciclosporina A.// American Journal of Physiology - Lung Cellular and Molecular Physiology, 2004. V. 286. N. 2, P. 275-L283.

159. Pappan K., Wang X. Propriedades moleculares e bioquímicas e funções fisiológicas da fosfolipase D vegetal // Biochem. Biophys. Asta. 1999. V. 1439. P. 151-166.

160. Park J.G., Cheon H.J., Kim Y.S., Kabg S.S., Choi J.S., Lee S.M. Hepatoprotective activities of daidzin, daidzein, genistein and puerarin in primary cultured rat hepatocytes. // Yakhak Horji. 2007. V.51. P.115-125.

161. Patche J et al. Stress oxidativo hepático induzido pela diabetes: um novo papel patogénico para a albumina glicada // Free Radic Biol Med. 2017. V. 102. P. 133-148.

162. Patel R.P., Boersma B., Crawford J.H., Hogg N., Kirk M., Kalyanaraman B., Parks D., Barnes S., Darley-Usmar V. Antioxidant mechanisms of isoflavones in lipid systems: Paradoxical effects of peroxyl radical scavenging. Free Rad Biol Med, 2001. V. 31. P. 1570-1581.

163. Paumard, P., Vaillier, J., Coulary, B., Schaeffer, J., Soubannier, V., Mueller, D. M., et al. A ATP sintase está envolvida na geração da morfologia das cristas mitocondriais.// EMBO Journal, 2002. V. 21. N. 3, P. 221-230.

164. Peng X., Frohman MA. Papéis fisiológicos e patológicos da fosfolipase D de mamíferos // Ata Physiol (Oxf). 2012 V. 204(2) P. 219-26.

165. Pieczenik, S. R., Neustadt, J. Mitochondrial dysfunction and molecular pathways of disease // Experimental and Molecular Pathology, 2007. V. 83. N. 1, P. 84-92.

166. Pike A.C., Brzozowski A.M., Hubbard R.E., Bonn T., Thorsell A.G., Engstro M.O., Ljunggren J., Gustafsson J.A., Carlquist M. Estrutura do domínio de ligação ao ligando do recetor de estrogénio beta na presença de um agonista parcial e de um antagonista total. EMBO J. 1999. V. 18. P. 4608-4618.

167. Rice-Evans C., Spencer J., Schroeter H. et al. Biodisponibilidade de flavonóides e potenciais formas bioactivas in vivo. // Drug Metab. Drug Metab. Interact, 2001, V. 17, P. 291-310.

168. Potter S.M., Baum J.A., Teng H. et al. Soy protein and isoflavones: their effects on blood lipids and bone density in postmenopausal women.// Am J Clin Nutr. 1998. V. 68. P. 375S-1379S.

169. Prasain J.K., Jones K., Kirk M. et all. Perfil e quantificação de isoflavonoides em suplementos diários de kudzu por cromatografia líquida de alta eficiência e espetrometria de nass tandem de ionização por electrospray. // J. Agris Food Chem. 2003. V.51. P.4213-4218.

170. Ratnam, D. V., Ankola, D. D., Bhardwaj, V., Sahana, D. K., & Kumar, M. N. Role of antioxidants in prophylaxis and therapy: A pharmaceutical perspective.// Journal of Controlled Release, 2006. V. 113. N. 3, P. 189-207.

171. Reed, J. C. Terapias baseadas na apoptose // Nature Reviews Drug Discovery, 2002. V. 1. N. 2, P. 111-121.

172. Rice S., Whitehead S.A. Phytoestrogens oestrogen synthesis and breast cancer // J Steroid Biochem Mol Biol. 2008. V. 108 (3-5). P. 186-195.

173. Rimbach G., Boesch W., Saadatmandi C., Frank J. et al. Dietary isoflavones in the prevention of cardiovascular diseasea molecular perspective. // Food. Chem. Toxicol. 2008. V. 46. P. 1308-1319.

174.Robb E.L., Hall AR, Prime TA, et al. Controlo da produção de superóxido mitocondrial por transporte inverso de electrões no complexo I // J Biol Chem. 2018 9 de maio. pii: jbc.RA118.003647. [Epub ahead of print].

175. Romeo, F., Li, D., Shi, M., Mehta, J. L. O carvedilol previne a apoptose induzida pela epinefrina nas células endoteliais da artéria coronária humana: Modulação do ligando Fas/Fas e da via da caspase-3 // Cardiovascular Research, 2000. V. 45. N. 3, P. 788-794.

176. Ruiz M.B., Larrea, A.R. Mohan, G. Paganga et al. Mohan, G. Paganga et al. Atividade antioxidante de isoflavonas fitoestrogénicas // Free Radic. Res. 1997. V. 26. P. 63-70.

177. Sassi-Messai S., Gibert Y., Bernard L., Nishio S., Ferri Lagneau K.F., Molina J., Andersson-Lendahl M., Benoit G., Balaguer P., Laudet V.. O fitoestrogénio genisteína afecta o desenvolvimento do peixe-zebra através de duas vias diferentes // PLoS One. 2009. V. 4. P. 4935.

178. Setchell K.D.R. Phytoestrogens: the biochemistry, physiology, and implications for human health of soy isoflavones // Am J Clin Nutr. 1998. V. 68. N. 1. P. 1333S-1346S.

179.Scambia G., Mango D., Signorile P.G. et al. Clinical effects of a standardised soy extract in postmenopausal women: a pilot study // Menopause. 2000. V. 7. P. 105-111.

180. Scatena, R., Messana, I., Martorana, G. E., Gozzo, M. L., Lippa, S., Maccaglia, A., et al. Danos mitocondriais e mecanismos metabólicos compensatórios induzidos pela hiperóxia na linha celular U-937.// Journal of Biochemistry and Molecular Biology, 2004. V. 37. N. 4, P. 454-459.

181. Schick, B. A., Laaksonen, R., Frohlich, J. J., Paiva, H., Lehtimaki, T., Humphries, K. H., et al. Diminuição do ADN mitocondrial do músculo esquelético em doentes tratados com doses elevadas de sinvastatina // Clinical Pharmacology and Therapeutics, 2007. V. 81. N. 5, P. 650-653.

182. Schrauwen, P., Hesselink, M. K. Oxidative capacity, lipotoxicity, and mitochondrial damage in type 2 diabetes // Diabetes, 2004. V. 53. N. 6, P. 1412-1417.

183. Schachinger V., Britten M.B., Zeiher A.M. Prognostic impact of coronary vasodilator dysfunction on adverse long-term outcome of coronary heart disease. // Circulation. 2000. V. 101. P. 1899-1906.

184. Schwenke D.C. Antioxidants and atherogenesis // J. Nutr. Nutr. Biochem. 1998. V. 9. P. 424-445.

185.Shabalina I.G et al. Produção de ROS nas mitocôndrias do tecido adiposo castanho: a questão da dependência da UCP1 // Biochim Biophys Ata. 2014. V. 12. P. 2017-2030.

186.Shohet, R. V., Garcia, J. A. Keeping the engine primed: HIF factors as key regulators of cardiac metabolism and angiogenesis during ischemia.// Journal of Molecular Medicine, 2007. V. 85. N. 12, P. 1309-1315.

187.Skulachev V.P. Role of uncoupled and non-coupled oxidations in mainte-nance of safely low levels of oxygen // Quart. Rev. Biophys. 1996. V.29. P.169-202.

188. Skulachev, V. P. Cytochrome c in the apoptotic and antioxidant cascades // FEBS Letters, 1998. V. 423. N. 3, P. 275-280.

189. Skulachev V.P., Mitochondrial physiology and pathology; concepts of programmeddeath of organelles, cells and organisms.// Mol Aspects Med. 1999.V. 20. P. 139-184.

190. Sculachev V.P., Bakeeva L.E. et al. Threadgrain transition of mitochondrial reticulum as an atep of mitiptosis and apoptosis. Mol. Cell Biochem. 2004. V.256-257. N1-2. P.341-358.

191. Smart N.A., McKenzie S.G., Nix L.M., Baldwin S.E., Page K., Wade D., Hampson P.K.. A suplementação com creatina não melhora o desempenho de sprint repetido em jogadores de futebol.// Medicine & Science in Sports & Exercise. 1998, V. 30. N. 5. S140.

192.Schneider W.C., Hogeboom G.N.. Estudos citoquímicos de tecidos de mamíferos o isolamento de componentes celulares por centrifugação diferencial. Cancer. Res. 1951. V. 19. P. 1 - 22.

193. Squadrito F., Altavilla D., Morabito N. et al. The effect of the phytoestrogen genistein on plasma nitric oxide concentrations, endothelin W1 levels and endothelium dependent vasodilation in postmenopausal women // Atherosclerosis. 2002. V. 163. N. 2. P. 339-347.

194. Squadrito F., Altavilla D., Crisafulli A. et al. Effect of genistein on endothelial function in postmenopausal women: a randomised, double blind, controlled study. // Am. J. Med. 2003. V. 114. N. 6. P. 470-476.

195. Suda T., Matsuda M. Estudos sobre a descarboxilação da fosfatidilserina // Biochem. Biofísica. Asta. 1974. - V.369. - N 3. - P. 331-337.

196. Sung-Hwa Kim, Jeong-Haing Heo, Yeong Shik Kim, Sam Sik Kang, Jae Sue Choi, Sun-Mee Lee1. Efeito Protetor da Daidzina contra a Insuficiência Hepática Induzida por D-Galactosamina e Lipopolissacarídeo em Ratos. // Phytotherapy Res. 2008. DOI: 10.1002/ptr.2710.

197. Suwaidi J.A., Hamasaki S., Higano S.T.. et al. Acompanhamento a longo prazo de pacientes com doença arterial coronária ligeira e disfunção endotelial. // Circulation. 2000. V. 101. P. 948-954.

198. Szeto H.H.. Peptídeos citoprotetores direcionados à mitocôndria para lesão por isquemia-reperfusão. Antioxid Redox Signal. 2008. V. 10. P. 601-619.

199. Szewczyk A., Wojtczak L. Mitochondria as a pharmacological target.// Pharmacol Rev. 2002. V. 54. P. 101-127.

200. Tanabe J., Watanabe M., Kondoh S. et al. Possible roles of protein kinases in neutrophil chemotactic fator production by leucocytes in allergic inflammation in rats. // Br. J. Pharmacol. 1994. V. 113. P. 1480-1486.

201. Tarpey, M. M., Wink, D. A., Grisham, M. B. Methods for detection of reactive metabolites of oxygen and nitrogen: In vitro and in vivo considerations.// American Journal of Physiology-Regulatory,

Integrative and Comparative Physiology, 2004. V. 286. N. 3, R431-R444.

202. Tauskela, J. S. MitoQ - um antioxidante direcionado para as mitocôndrias // IDrugs, 2007. V. 10. N. 6, P. 399-412.

203. Teede H.J., Dalais F.S., Kotsopoulos D. et al. Dietary soy has both beneficial and potentially adverse cardiovascular effects: a placebocontrolled study in men and postmenopausal women. // J. Clin. Endocrinol. Metab. 2001. V. 86. P. 3053-3060.

204. Teede H.J., McGrath B.P., DeSilva L. et al. Isoflavones reduce arterial stiffness: a placeboWcontrolled study in men and postmenopausal women. // Arterioscler. Thromb. Vasc. Biol. 2003. V. 23. P. 1066-1071.

205. Tikkanen M.J., Wahala K., Ojala S. et al. Effect of soybean phytoestrogen intake on low density lipoprotein oxidation resistance. // Proc. Natl. Acad. Sci. USA. 1998. V. 95. P. 3106-3110.

206. Tikkanen M.J., Vihma V., Hockerstedt A. et al. Derivados lipofílicos de estrogénios contidos em partículas de lipoproteínas. // Ata Physiol. Scand. 2002. V. 176. P. 117-121.

207. Toledo, F. G., Menshikova, E. V., Ritov, V. B., Azuma, K., Radikova, Z., DeLany, J., et al. Effects of physical activity and weight loss on skeletal muscle mitochondria and relationship with glucose control in type 2 diabetes.// Diabetes, 2007. V. 56. N. 8, P. 2142-2147.

208. Toledo, F. G., Menshikova, E. V., Azuma, K., Radikova, Z., Kelley, C. A., Ritov, V. B., et al. A capacidade mitocondrial no músculo esquelético não é estimulada pela perda de peso, apesar do aumento

da ação da insulina e da diminuição do conteúdo lipídico intramiocelular.// Diabetes, 2008. V. 57. N. 4, P. 987-994.

209. Tomonaga T., Mine T., Kojima I., Taira M., Hayashi H., Isono K. Isoflavonóides, genisteína, psi-tectorigenina e orobol, aumentam o cálcio livre citoplasmático em hepatócitos isolados de ratos // 1992. Biochem Biophys Res Commun. 1992, 31, 182(2) P. 894-899.

210. Upmalis D.H., Lobo R., Bradley L. et al. Alívio dos sintomas vasomotores com comprimidos de extrato de isoflavona de soja em mulheres pós-menopáusicas: um estudo multicêntrico, em dupla ocultação, aleatório e controlado por placebo.// Menopause. 2000. V. 7. P. 236-242.

211. Van der Schouw Y.T., Pijpe A., Lebrun C.E. et al. Higher usual dietary intake of phytoestrogens is associated with lower aortic stiffness in postmenopausal women. // Arterioscler. Thromb. Vasc. Biol. 2002. V. 22. P. 1316-1322.

212. Vaskovsky V.E., Kostetsky E.G., Vasendin I.M. Um reagente universal para a análise de fosfolípidos. J. Chromatogr., 1975. V. 114. P. 129-141.

213. Verdrengh M., Jonsson I.M., Holmdahl R. et al. Genistein as an anti-Winflammatory agent. // Inflamm. Res. 2003. V. 52. P. 341-346.

214. Wallace, D. C. Doenças mitocondriais no homem e no rato // Science, 1999. V. 283. N. 5407, P. 1482-1488.

215. Wallace D.C. Um paradigma mitocondrial para as doenças degenerativas e o envelhecimento // Novartis Found Symp. 2001. V. 235. P. 247-263; discussão 263-266.

216.Wallace D.C., Fan W., Procacco V. Mitochondrial energetics and therapeutics. // Annu Rev. Phathol. 2010. N.5. P. 297-348.

217. Wang X. Múltiplas formas de fosfolipase D em plantas: a família de genes, propriedades catalíticas e reguladoras e funções celulares. // Prog. Lipid. Res., 2000. V. 39. P. 109-149.

218. Wang, X. The expanding role of mitochondria in apoptosis // Genes and Development, 2001. V. 15. N. 22, P. 2922-2933.

219. Wang B.S., Juang L.J., Yang J.J., Chen L.Y., Tai H.M., Huan M.H.. antioxidante e antitirosinase Atividade Flemingia macrophylla e Glycine tomentellaraízes de // Medicina Complementar e Alternativa Baseada em Evidências: 2012. P. 1-7.

220. Warri A., Saarinen N.M., Makela S., Hilakivi L., Clarke W. The role of early life genistein exposures in modifying breast cancer risk // Br. J. Cancer. 2008. V. 98. P. 1485-1493.

221. Watts, J. A., Kline, J. A. Bench to bedside: The role of mitochondrial medicine in the pathogenesis and treatment of cellular injury.// Academic Emergency Medicine, 2003. V. 10. N. 9, P. P. 985-997.

222.Webster, K. A., Graham, R. M., Thompson, J. W., Spiga, M. G., Frazier, D. P., Wilson, A., et al. Redox stress and the contributions of BH3-only proteins to infarction.// Antioxidants and Redox Signaling, 2006. V. 8. N. 9-10, 1667-1676.

223.* Wei Y.Q., Zhao X., Kariya Y., Fukata H., Teshigawara K., Uchida A. Indução da apoptose pela quercetina: envolvimento da proteína de choque térmico // Cancer Res. 1994. V. 54. P. 4952-4957.

224.*Wiederkehr, A., Wollheim, C. B. Mini review: Implication of mitochondria in insulin secretion and action // Endocrinology, 2006. V. 147. N. 6, P. 2643-2649.

More Books!

yes

I want morebooks!

Buy your books fast and straightforward online - at one of world's fastest growing online book stores! Environmentally sound due to Print-on-Demand technologies.

Buy your books online at
www.morebooks.shop

Compre os seus livros mais rápido e diretamente na internet, em uma das livrarias on-line com o maior crescimento no mundo! Produção que protege o meio ambiente através das tecnologias de impressão sob demanda.

Compre os seus livros on-line em
www.morebooks.shop

info@omniscriptum.com
www.omniscriptum.com

OMNIScriptum

MIX
Papier aus verantwortungsvollen Quellen
Paper from responsible sources
FSC® C105338

Printed by Books on Demand GmbH, Norderstedt / Germany